中等职业教育智能制造类专业系列教材

机械与电气制图

JIXIE YU
DIANQI ZHITU

主　编◎赵　佳　曾宪明
副主编◎王智宏　李金芯　张秋雨

重庆大学出版社

图书在版编目(CIP)数据

机械与电气制图/赵佳,曾宪明主编. -- 重庆:重庆大学
出版社,2021.11
中等职业教育智能制造类专业系列教材
ISBN 978-7-5689-2807-6

Ⅰ.①机… Ⅱ.①赵… ②曾… Ⅲ.①机械制图—中等专业学
校—教材 ②电气工程—工程制图—中等专业学校—教材
Ⅳ.①TH126 ②TM02

中国版本图书馆 CIP 数据核字(2021)第 121283 号

机械与电气制图

主 编:赵 佳 曾宪明
副主编:王智宏 李金芯 张秋雨
策划编辑:杨 漫

责任编辑:文 鹏 版式设计:杨 漫
责任校对:王 倩 责任印制:赵 晟
*
重庆大学出版社出版发行
出版人:饶帮华
社址:重庆市沙坪坝区大学城西路 21 号
邮编:401331
电话:(023)88617190 88617185(中小学)
传真:(023)88617186 88617166
网址:http://www.cqup.com.cn
邮箱:fxk@cqup.com.cn(营销中心)
全国新华书店经销
重庆华数印务有限公司印刷
*
开本:787mm×1092mm 1/16 印张:9 字数:215 千
2023 年 5 月第 1 版 2023 年 5 月第 1 次印刷
ISBN 978-7-5689-2807-6 定价:39.00 元

随着社会的进步,工业化、智能化进程不断被推进。智能制造类专业在工程技术界占有的比重越来越大,应用广泛。"工程图样"被喻为工程技术界共同的"技术语言",在机械、汽车、船舶、航空、建筑、电气、服装、医疗等行业都有应用。传统教材注重知识讲授,注重体系完整、理论完备、内容全面,难以实现理实一体化教学。本书尝试打破传统教材编写模式与科学体系,在编写过程中,以学生为本,着力培养学生的职业素养、职业技能和创新能力。本书作为工业机器人技术应用等智能制造类专业的基础课程教材,对学生的专业学习起到基础性的作用。

本书作为中等职业学校智能制造相关专业的教学用书,在编写中力求以行业企业调研、典型岗位工作任务与职业能力分析、课程体系、课程标准为依据。主要面向智能制造行业中从事制造、电气控制、产品制图等岗位。本书主要包括8个项目,分别为制图基本规定与国家标准、投影法与基本体投影图、绘制立体表面交线、图样的表达方式、零件图、装配图、电动机控制电气原理图及接线图、机床电气图及接线图。

本书具有的主要特点:

1.编写模式新颖

本书依据教育部《职业院校教材管理办法》,采用"项目+N个任务"的体例设计和基于工作过程的行动导向任务驱动模式编写,设置了"项目目标""任务描述""任务实施""任务练习""任务评价""知识拓展"等,通过让学生体验实际工作流程并动手实践操作,再通过"知识拓展"的内容使理论的知识实作化,真正做到"做中学"。

2.企业专家团队参加编写

本书编写过程引入企业专家指导,审核教材内容,让本书符合行业企业标准,更加专业。读者学完本书,将能独立完成工业机器人的编程控制操作流程。

3.融入企业"7S"管理职业素养

在任务实施过程中,任务评价采用了活页式的评价表,增加了企业"7S"管理的职业素养考核内容。

4.配套了丰富的资源

本书配套有教案、PPT课件、视频等课程资源,便于线上线下混合式教学,助推职业教育的"三教"改革,提升人才培养质量。

本书由重庆市九龙坡职业教育中心赵佳、曾宪明担任主编,王智弘、李金芯、张秋雨担任副主编,童玲担任主审,参加编写的还有古巧、曾露、戚俊等。其中,赵佳编写了项目一、项目五任务一、二,王智弘编写了项目三,李金芯编写了项目四,古巧编写了项目二任务一、二,曾露编写了项目二任务三、四,戚俊编写了项目五任务三,张秋雨编写了项目六,曾宪明编写了项目七、项目八。

由于编者水平有限,书中难免有不妥之处,恳请读者批评指正,以便修订完善。

编者

目 录
MULU

项目一　制图基本规定与国家标准

▶项目目标

知识目标

1. 了解各种绘图工具的名称；

2. 掌握各种绘图工具的使用方法；

3. 理解图幅、比例、字体、线型的含义；

4. 理解各种线型的应用；

5. 掌握尺寸规定及标注的相关国家标准；

6. 理解圆弧连接方式；

7. 掌握绘制连接圆弧的步骤。

技能目标

1. 能正确使用绘图仪器及各类工具；

2. 能正确、规范地抄绘产品的平面轮廓图形；

3. 能正确、规范地进行图形的尺寸标注；

4. 能正确绘制连接圆弧；

5. 能按照国家标准的要求绘制简单的平面图形。

情感目标

1. 激发学习兴趣，养成严谨的工作态度，精益求精；

2. 培养好学向上、积极动手、团结协作、吃苦耐劳等良好品质；

3. 培养 7S 职业素养。

▶项目描述

随着科学技术的发展与进步，制图已由传统的手工绘制逐渐发展到电脑辅助绘制。但实践表明，手工制图的重要性依旧无法取代。手工制图是电脑制图的基础，手工制图使学习更加规范，学习态度更加严谨。初学者更有必要认真学好它，熟练掌握它。

本项目将以基本图线和图形绘制为例，重点学习制图的基本规定与国家标准。

任务一　绘制线型板图

▶**任务描述**

五角星(如图1-1所示),经常出现在各种旗帜上。五角星的画法有多种,下面来开始学习。

▶**任务目标**

1.了解各种绘图工具的名称。

2.掌握各种绘图工具的使用方法。

3.理解图幅、比例、字体、线型的含义。

4.理解各种线型的应用。

图1-1　五角星

▶**任务准备**

一、工具准备

小组讨论分工合作,完成任务表1-1的填写。

表1-1　任务表

准备名称	准备内容	完成情况/负责人
绘图工具	工程绘图工具包、图板、丁字尺	
模型或挂图	线型图、机械图纸	
学习资料	任务书、教材	

二、知识准备

1.常用绘图工具

1)铅笔

绘图铅笔用"B""H"代表铅芯的软硬度。"B"表示铅笔软度,"H"表示铅笔硬度。"B""H"前面的数值越大,表示铅芯越软或越硬。画图时,通常用 H/2H 铅笔画底稿(细),用 B/2B 铅笔加粗全图,写字用 HB 铅笔。

2)图板和丁字尺

画图时,先将图纸用胶带水平固定在图板上,如图1-2所示。

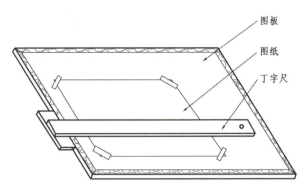

图 1-2　图板和丁字尺

3）三角板

一副三角板由 45°和 30°/60°两块直角三角板组成。两块三角板配合使用,可以画出任意已知直线的垂线或平行线,如图 1-3、图 1-4 所示。

想一想:两块三角板可以画出 30°、45°、60°的角,那可以用两块三角板画出 15°、75°的角吗?

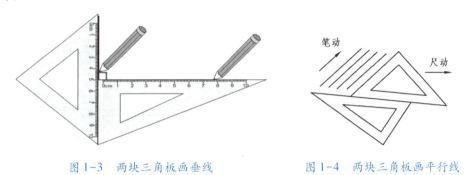

图 1-3　两块三角板画垂线　　　　图 1-4　两块三角板画平行线

4）圆规和分规

圆规:画圆或圆弧。一只脚是钢针,一只脚是铅芯,如图 1-5 所示。

分规:用来截取线段和等分直线或圆周。两只脚都是钢针,如图 1-6 所示。

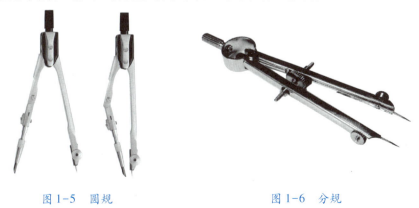

图 1-5　圆规　　　　　　　　　图 1-6　分规

2. 图纸幅面

图纸幅面是指图纸宽度与长度组成的图面。绘制图样时,应采用表 1-2 中规定的图纸

基本幅面尺寸,尺寸单位为:mm。基本幅面代号有 A0、A1、A2、A3、A4 五种。

表 1-2　图纸幅面及图框格式尺寸

幅画代号	幅面尺寸	周边尺寸		
	$B×L$	a	c	e
A0	841×1 189	25	10	20
A1	594×841	25	10	20
A2	420×594	25	10	10
A3	297×420	25	5	10
A4	210×297	25	5	10

3. 图框

1)图框的概念

图框是指图纸上限定绘图区域的线框。

2)图框的格式

留装订边和不留装订边两种(注意图线粗细,尺寸数值见表 1-2),如图 1-7、图 1-8 所示。

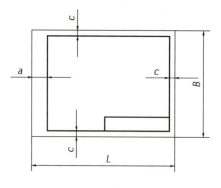

图 1-7　留装订边图框

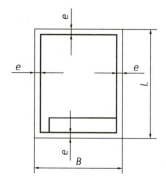

图 1-8　不留装订边图框

3)标题栏

标题栏由名称及代号区、签字区和其他区组成。国标标题栏的结构如图 1-9 所示,教学中可以采用图 1-10 所示的简单结构。

4. 比例

比例是指图样中图形与其实物相应要素的线性尺寸之比。线性尺寸是指两点之间的距离,如直径、半径、深度、高度、中心距、弦长等。弧长为非线性尺寸。

图纸按比例绘制时,应从表 1-3 规定的系列中选取。

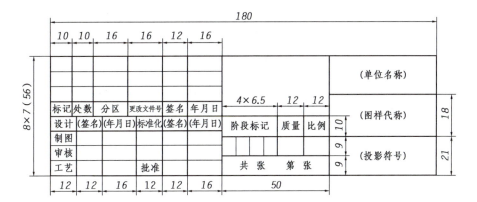

图 1-9　国标标题栏格式

图 1-10　练习标题栏格式

表 1-3　绘图比例

原值比例	1:1				
放大比例	2:1 (2.5:1)	5:1 (4:1)	$1 \times 10^n : 1$ $(2.5 \times 10^n : 1)$	$2 \times 10^n : 1$ $(4 \times 10^n : 1)$	$5 \times 10^n : 1$	
缩小比例	1:2 (1:1.5) $(1:1.5 \times 10^n)$	1:5 (1:2.5) $(1:2.5 \times 10^n)$	1:10	$1:2 \times 10^n$ (1:4) $(1:4 \times 10^n)$	$1:2 \times 10^n$ (1:4) $(1:4 \times 10^n)$	$1:5 \times 10^n$ (1:6) $(1:6 \times 10^n)$

5.字体

(1)字体工整、笔画清楚、间隔均匀、排列整齐。汉字高度不应小于 3.5 mm,宽度约为 0.7 h。

(2)汉字应写成长仿宋体,并采用国家正式公布的简化字。

(3)长仿宋体汉字的书写要领:横平竖直、注意起落、结构匀称、填满方格。

(4)数字和字母可写成直体和斜体(常用斜体),斜体字字头向右倾斜,与水平基准线约成 75°。

6.线型

国标中图线线型见表 1-4。

表1-4　图线的线型

图线名称	图线型式	图线宽度	一般应用举例
粗实线	——————	粗	可见轮廓线
细实线	——————	细	尺寸线及尺寸界线 剖面线 重合断面的轮廓线 过渡线
细虚线	— — — — —	细	不可见轮廓线
细点画线	—·—·—·—	细	轴线 对称中心线
粗点画线	—·—·—·—	粗	限定范围表示线
细双点画线	—··—··—··	细	相邻辅助零件的轮廓线 轨迹线 极限位置的轮廓线 中断线
波浪线	～～～	细	断裂处的边界线 视图与剖视图的分界线
双折线	─/\─/\─	细	同波浪线
粗虚线	— — — — —	粗	允许表面处理的表示线

友情提示:

(1)图线分粗、细两种,细线宽度约为粗线一半。

(2)在同一图样中同类图线的宽度应基本一致,虚线、细点画线及双点画线的线段长度和间隔应各自大致相等。

(3)若各种图线重合,应按粗实线、细虚线、细点画线、双点画线的先后顺序选用线型。

▶**任务练习**

1.绘制图框(如图1-11所示)

(1)抄画图框(不注尺寸)。图幅:A4图纸,不留装订边(标题栏参照表1-2、图1-7、图1-8)。

(2)要求:尺寸正确,线型规范,符合国家标准规定。

(3)标题栏:制图姓名填写本人,时间正确,单位填学校名称,其他按实际情况填写。

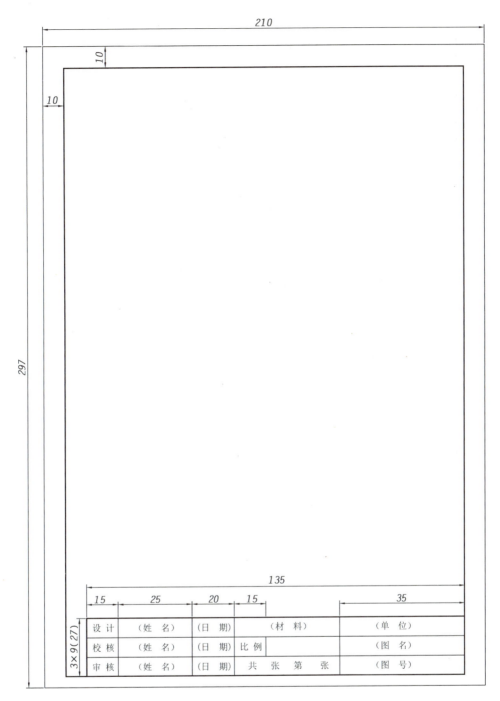

图 1-11　图框板图

2. 绘制线型板图(如图 1-12 所示)。

(1)抄画线型(不注尺寸)。

(2)要求:图形正确,布置合理,线型规范,字体工整,符合国家标准规定。

(3)图名:线型练习。

(4)图幅:A4 图纸,不留装订边(标题栏参照表 1-2、图 1-7、图 1-8)。

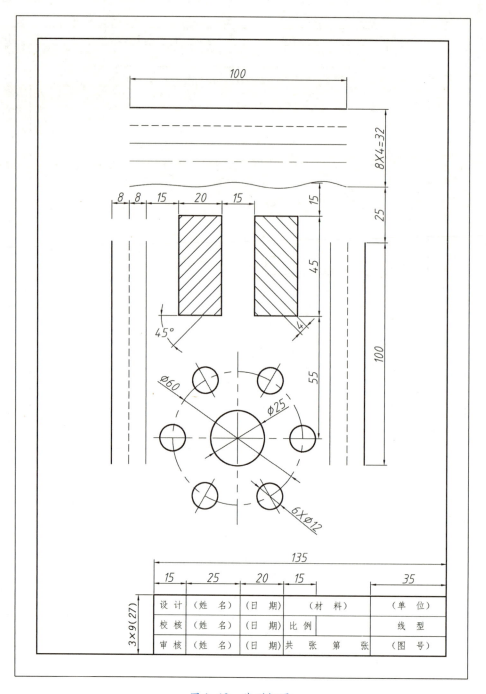

图 1-12　线型板图

3. 绘制五角星板图(如图 1-13 所示)

(1)抄画图形(不注尺寸)。

(2)要求:图形正确,布置合理,线型规范,字体工整,符合国家标准规定。

(3)图名:五角星。

(4)图幅:A4 图纸留装订边(标题栏参照表 1-2、图 1-7、图 1-8)。

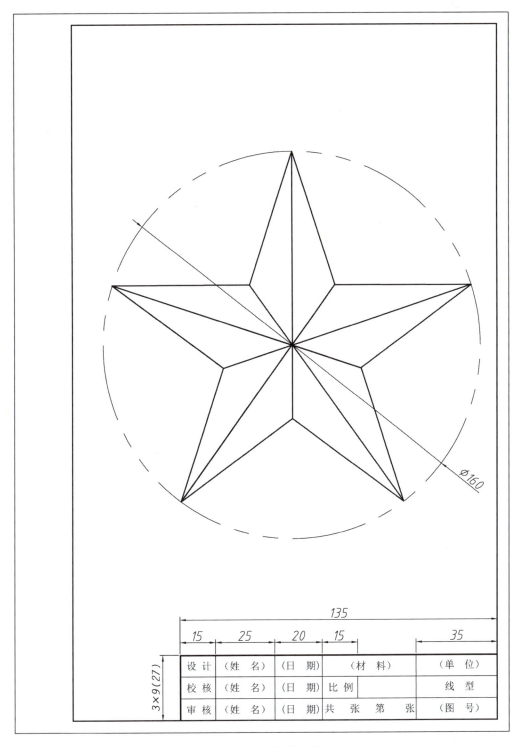

图1-13　五角星板图

▶**任务评价**

根据任务完成情况,如实填写表1-5。

表1-5 任务过程评价表

序 号	评价要点	配分	得分	总 评
1	任务绘图工具、资料、知识等准备充分	10		
2	能正确使用绘图仪器及各类工具	30		A(80分以上) □
3	能正确、规范抄绘平面轮廓图形	30		B(70~79分) □
4	信息化意识强,能熟练查阅所需资料	10		C(60~69分) □
5	小组学习氛围浓厚,沟通协作好	10		D(59分以下) □
6	具有文明规范绘图职业习惯	10		

▶任务小结

请小结完成本次任务过程中的优缺点,并提出改进计划,如实填写表1-6。

表1-6 任务小结表

完成事项	优 点	存在的问题	改进计划
任务准备			
任务练习			
其他			

任务二 尺寸标注

▶任务描述

图纸是工程界的技术语言,是企业进行正常生产、研发和改造的必要工具。一张完整的图纸除应符合国家标准外,还应做到图形表达恰当、尺寸标注完整清晰、技术要求合理等。

▶任务目标

掌握尺寸规定及标注的相关国家标准。

▶任务准备

一、工具准备

小组讨论分工合作,完成任务表1-7的填写。

表 1-7　任务表

准备名称	准备内容	完成情况/负责人
绘图工具	工程绘图工具包、图板、丁字尺	
模型或挂图	机械图纸	
学习资料	任务书、教材	

二、知识准备

1. 尺寸标注基本规则

（1）机件的真实大小应以图样上所注的尺寸数值为依据，与图形的大小及绘图的准确度无关。

（2）图样中（包括技术要求和其他说明）的尺寸，以毫米为单位时，不需要标注计量单位的代号和名称，如采用其他单位，则必须注明相应的计量单位的代号或名称，如 45 度 30 分应写成 $45°30'$。

（3）图样中所标注的尺寸为该图样所示机件的最后完工尺寸，否则应另加说明。

（4）机件的每一尺寸，一般只标注一次，并应标注在反映该结构最清楚的图形上。

2. 标注尺寸的要素

尺寸三要素：尺寸界线、尺寸线和尺寸数字，如图 1-14 所示。

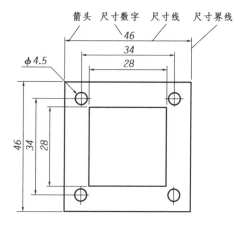

图 1-14　尺寸三要素

1）尺寸界线（用细实线）

尺寸界线用来表示所注尺寸的范围，用细实线绘制，并应由图形的轮廓线、轴线或对称中心线处引出。也可利用轮廓线、轴线或对称中心线作尺寸界线。尺寸界线与尺寸线垂直，超出尺寸线 2～3 mm，如图 1-15 所示。

2）尺寸线（用细实线）

尺寸线用来表示尺寸度量的方向。尺寸线必须用细实线绘在两尺寸界线之间，不能用其他图线代替，不得与其他图线重合或画在其延长线上，如图 1-16 所示。

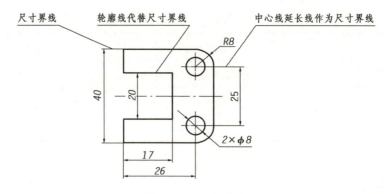

图 1-15　尺寸界线

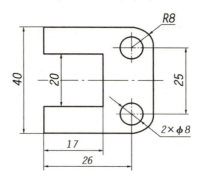

图 1-16　尺寸线

友情提示：

(1)尺寸线单独画出,不能用任何图线替代,也不能画出其他图线的延长线。

(2)标注线性尺寸时,尺寸线必须与所标注的线段平行;当有几条相互平行的尺寸线时,要小尺寸在内,大尺寸在外。图样上各尺寸线间或尺寸线与尺寸界线之间应避免相交。

一般采用箭头作为尺寸线的终端,斜线形式主要用于建筑图样,尺寸线与尺寸界线应相互垂直,如图 1-17 所示。同一图样中只能采用一种尺寸终端形式。

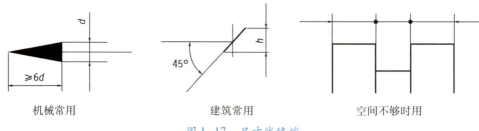

图 1-17　尺寸线终端

3)尺寸数字

尺寸数字表示所注机件尺寸的实际大小。线性尺寸的数字一般注写在尺寸线上方,也可注在尺寸线中断处。尺寸数字不可被任何图线所通过,当无法避免时,必须将该图线断开。尺寸标注示例如图 1-18 所示,尺寸标注缩写符号见表 1-8。

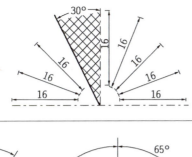

尺寸数字尽可能避免在图示 30° 范围内标注尺寸

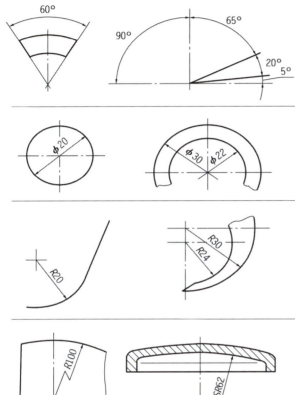

角度尺寸一律水平写

整圆、大半圆，标直径

半圆、圆弧、小于半圆，标半径

圆弧半径过大标注法

图 1-18　尺寸标注示例

表 1-8　尺寸标注缩写符号

序号	符号及缩写		序号	符号及缩写	
	含　义	现　行		含　义	现　行
1	直径	ϕ	9	深度	⊤
2	半径	R	10	沉孔或锪平	⊔
3	球直径	$S\phi$	11	埋头孔	∨
4	球半径	SR	12	弧长	⌒
5	厚度	t	13	斜度	∠
6	均布	EQS	14	锥度	◁
7	45°倒角	C	15	展开长	
8	正方形	□			

▶任务练习

线型练习板图的尺寸标注。

（1）在任务一中的线型板图中标注尺寸。

（2）要求：尺寸符合国家标准规定（参见图1-12）。

▶任务评价

根据任务完成情况，如实填写表1-9。

表1-9　任务过程评价表

序　号	评价要点	配分	得分	总　评
1	任务绘图工具、资料、知识等准备充分	10		
2	能正确使用绘图仪器及各类工具	30		A（80分以上）　□
3	能正确、规范进行尺寸标注	30		B（70～79分）　　□
4	信息化意识强，能熟练查阅所需资料	10		C（60～69分）　　□
5	小组学习氛围浓厚，沟通协作好	10		D（59分以下）　　□
6	具有文明规范绘图职业习惯	10		

▶任务小结

请小结完成本次任务过程中的优缺点，并提出改进计划，如实填写表1-10。

表1-10　任务小结表

完成事项	优　点	存在的问题	改进计划
任务准备			
任务练习			
其他			

任务三　绘制吊钩板图

▶任务描述

在绘制图样时，经常需要用一个已知半径的圆弧来光滑连接（即相切）两个已知线段

（直线段或曲线段），称为圆弧连接。此圆弧称为连接弧，两个连接点称为切点，如图1-19所示。

为了保证光滑的连接，必须正确地作出连接弧的圆心和两个连接点，且两个被连接的线段都要正确地画到连接点为止。

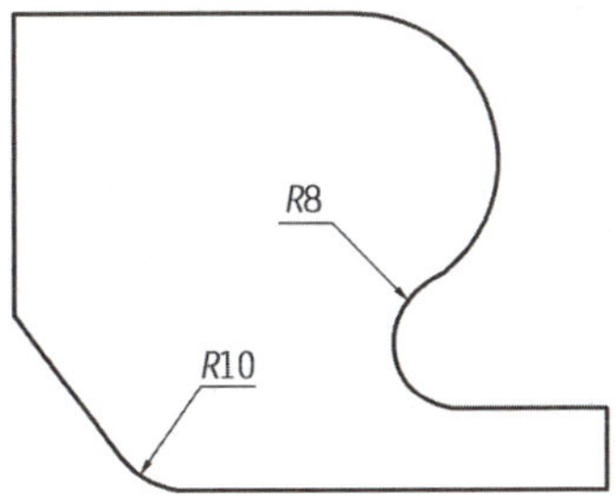

图1-19　连接圆弧

▶任务目标

1. 理解圆弧连接方式。

2. 掌握绘制连接圆弧的步骤。

▶任务准备

一、工具准备

小组讨论分工合作，完成任务表1-11的填写。

表1-11　任务表

准备名称	准备内容	完成情况/负责人
绘图工具	工程绘图工具包、图板、丁字尺	
模型或挂图	机械图纸	
学习资料	任务书、教材	

二、知识准备

圆弧连接作图基本步骤：

（1）找（连接圆弧）圆心（圆心到两被连接线段的距离为圆弧半径）。

（2）找切点（即连接圆弧与被连接线段的连接点）。

（3）画圆弧（在两点间）。

技巧：圆弧连接关键是找出连接圆弧的圆心和连接点（切点）。

圆弧连接作图过程见表1-12。

友情提示：

（1）与已知直线相切且半径为R的圆弧，其圆心轨迹为与已知直线平行且距离为R的两直线，连接点为圆心向已知直线所作垂线的垂足。

（2）与已知圆弧相切的圆弧，其圆心轨迹为已知圆弧的同心圆，其半径为R：外切时，连接圆弧与已知圆弧的半径之和；内切时，连接圆弧与已知圆弧的半径之差。连接点为：外切时，连心线与已知圆弧的交点；内切时，连心线的延长线与已知圆弧的交点。

表1-12　圆弧连接

已知条件	作图方法和步骤		
	求连接圆弧圆心	求切点	画连接圆弧
圆弧连接两已知直线			
圆弧内连接已知直线和圆弧			
圆弧外连接两已知圆弧			
圆弧内连接两已知圆弧			
圆弧分别内外连接两已知圆弧			

▶**任务练习**

绘制吊钩板图(如图1-20所示)。

(1)抄画图形并标注尺寸。

(2)要求:图形正确,布置合理,线型规范,字体工整,符合国家标准规定。

(3)图名:吊钩。

(4)图幅:A4图纸,留装订边。

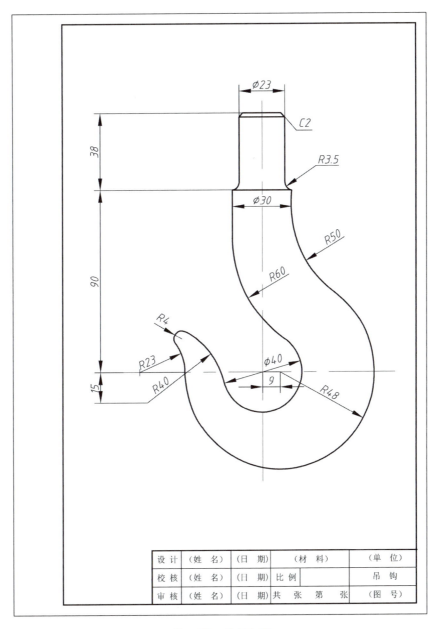

设　计	(姓　名)	(日　期)	(材　料)		(单　位)
校　核	(姓　名)	(日　期)	比 例		吊　钩
审　核	(姓　名)	(日　期)	共　张　第　张		(图　号)

图1-20　吊钩板图

友情提示:分析图形,先绘制已知线段,再绘制中间线段,最后连接线段。吊钩下方主要部分尺寸 φ30、R60、R50、φ40、R48、R40、R23、R4 中,已知线段有 φ40,R48,φ30(直线段),中间线段有 R40、R23,连接线段有 R50、R60、R4。

▶**任务评价**

根据任务完成情况,如实填写表 1-13。

表 1-13 任务过程评价表

序　号	评价要点	配分	得分	总　评
1	任务绘图工具、资料、知识等准备充分	10		
2	能正确使用绘图仪器及各类工具	30		A(80 分以上) □
3	能正确、规范绘制圆弧连接并进行尺寸标注	30		B(70 ~ 79 分) □
4	信息化意识强,能熟练查阅所需资料	10		C(60 ~ 69 分) □
5	小组学习氛围浓厚,沟通协作好	10		D(59 分以下) □
6	具有文明规范绘图职业习惯	10		

▶**任务小结**

请小结完成本次任务过程中的优缺点,并提出改进计划,如实填写表 1-14。

表 1-14 任务小结表

完成事项	优　点	存在的问题	改进计划
任务准备			
任务练习			
其他			

项目二　投影法与基本体投影图

▶项目目标

知识目标

1. 了解正投影法；
2. 掌握正投影法的投影特性；
3. 理解三视图的形成及其投影规律；
4. 掌握点、线、面的投影规律；
5. 理解点、线、面投影图的绘制方法；
6. 掌握基本几何体投影图的绘制方法；
7. 理解基本几何体的投影图；
8. 了解正等轴测图和斜二轴测图的形成方法；
9. 掌握正等轴测图和斜二轴测图的绘制方法。

技能目标

1. 能根据投影特性和规律补画三视图；
2. 能绘制点、线、面的投影；
3. 能绘制各类基本体的三视图；
4. 能绘制正等轴测图；
5. 能绘制斜二轴测图。

情感目标

1. 激发学习兴趣,养成严谨的工作态度,精益求精；
2. 培养好学向上、积极动手、团结协作、吃苦耐劳等良好品质；
3. 培养7S职业素养。

图2-1　空间物体

▶项目描述

现实生活中,可以看到形形色色的物体,它们存在于三维空间,如图2-1所示。在工程上,这些物体需要有专门统一的标准去表达。

本项目将以基本体三视图为例,重点学习投影法与基本体投影图。

任务一 用正投影法绘制三视图

▶任务描述

在日常生活中,人们看到太阳光或灯光照射物体时在地面或墙壁上出现物体的影子,这就是一种投影现象。我们把光线称为投射线(或投影线),地面或墙壁称为投影面,影子称为物体在投影面上的投影。我们应该如何用工程语言去表达投影呢?

▶任务目标

1. 了解正投影法。
2. 掌握正投影法的投影特性。
3. 理解三视图的形成及其投影规律。

▶任务准备

一、工具准备

小组讨论分工合作,完成任务表2-1的填写。

表2-1 任务表

准备名称	准备内容	完成情况/负责人
绘图工具	工程绘图工具包、图板、丁字尺	
模型或挂图	电筒、生活物品、机械图纸	
学习资料	任务书、教材	

二、知识准备

1. 投影法分类

1)中心投影法

中心投影法是指投射线汇交于投射中心的投影方法。

例如,日常生活中照相、放电影。

想一想:中心投影法有什么优点和缺点。

2)平行投影法

平行投影法是指投射线互相平行的投影方法。

平行投影法按照投射线与投影面倾斜或垂直,又分为斜投影法和正投影法。

斜投影法——投射线与投影面倾斜的平行投影法。

例如,后面我们要学习的斜二轴测图。

正投影法——投射线与投影面垂直的平行投影法。

机械图样主要就是用正投影法绘制的。

正投影法具有真实性、集聚性和类似性。平行于投影面的平面、直线反映实形、实长;垂直于投影面的平面、直线集聚为直线、点;倾斜于投影面的平面、直线投影为类似形状。

友情提示:类似性也称为缩小性。类似性为边数、平行关系、凹凸关系等不变。

2.三投影面体系组成

三投影面体系由三个互相垂直的投影面、三个相互垂直的投影轴和一个原点组成,如图2-2所示。

(1)三个互相垂直的投影面。

正立投影面:简称为正面,用 V 表示;

水平投影面:简称为水平面,用 H 表示;

侧立投影面:简称为侧面,用 W 表示。

(2)三个投影面的相互交线,称为投影轴,分别为 OX、OY、OZ 轴。

OX 轴:V 面和 H 面的交线,它代表长度方向;

OY 轴:H 面和 W 面的交线,它代表宽度方向;

OZ 轴:V 面和 W 面的交线,它代表高度方向。

(3)坐标原点 O。

3.三视图形成

将物体放在三投影面体系中,物体的位置处在人与投影面之间,然后将物体对各个投影面进行投影,得到三个视图。为了将三个视图画在一张图纸上,须将三个投影面展开到一个平面上。如图2-3所示,规定正面不动,将水平面和侧面沿 OY 轴分开,并将水平面绕 OX 轴向下旋转90°(随水平面旋转的 OY 轴用 O_{YH} 表示);将侧面绕 OZ 轴向右旋转90°(随侧面旋转的 OY 轴用 O_{YW} 表示)。

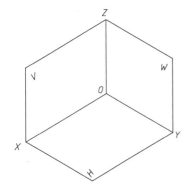

图2-2　三投影面体系

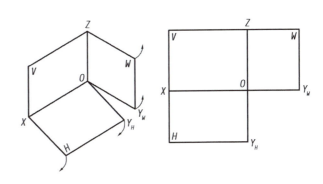

图2-3　三视图形成

友情提示:画三视图时不必画出投影面的边框,可以直接画出三视图。

从前往后看物体得到的视图称为主视图;从上往下看物体得到的视图称为俯视图;从左往右看物体得到的视图称为左视图。

4.三视图的投影对应关系

物体有长、宽、高三个方向的大小。通常规定:物体左右之间的距离为长,前后之间的距离为宽,上下之间的距离为高。

三视图符合三等规律(如图2-4所示):

(1)主俯视图长对正;

(2)主左视图高平齐;

(3)俯左视图宽相等。

5.三视图与物体的方位对应关系

物体有长、宽、高三个方向的尺寸,还有上下、左右、前后六个方位关系。

主视图反映了物体的上下、左右四个方位关系;

俯视图反映了物体的前后、左右四个方位关系;

左视图反映了物体的上下、前后四个方位关系,如图2-5所示。

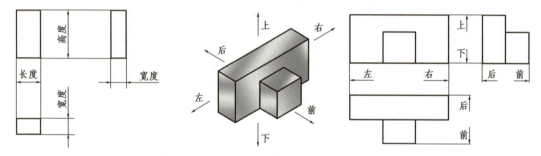

图 2-4　三视图的投影对应关系　　　　图 2-5　三视图的方位对应关系

▶任务练习

1.根据给出的空间三投影面体系(如图2-2所示),绘制展开的三投影面体系并给出相应标识。

2.绘制一级减速器输入轴调整环三视图,示意图如图2-6所示。

(1)图纸大小根据图形合理选择。

(2)图框种类自选。

(3)标注尺寸正确,线型规范,符合国家标准规定。

(4)标题栏:制图姓名填写本人,时间正确,单位填学校名称,其他按实际情况填写。

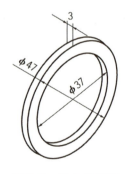

图 2-6　输入轴调整
环示意图

▶任务评价

根据任务完成情况,如实填写表2-2。

表 2-2 任务过程评价表

序　号	评价要点	配分	得分	总　评
1	绘图工具、资料、知识等准备充分	10		A(80 分以上) □
2	能正确使用绘图仪器及各类工具	30		A(80 分以上) □ B(70～79 分) □
3	能正确、规范绘制三视图	30		B(70～79 分) □ C(60～69 分) □
4	信息化意识强,能熟练查阅所需资料	10		C(60～69 分) □ D(59 分以下) □
5	小组学习氛围浓厚,沟通协作好	10		D(59 分以下) □
6	具有文明规范绘图职业习惯	10		

▶**任务小结**

请小结完成本次任务过程中的优缺点,并提出改进计划,如实填写表 2-3。

表 2-3 任务小结表

完成事项	优　点	存在的问题	改进计划
任务准备			
任务练习			
其他			

任务二　点线面的投影作图

▶**任务描述**

任何物体都是由点、线、面等几何元素构成的,只有学习和掌握了几何元素的投影规律和特征,才能透彻理解机械图样所表示物体的具体结构形状。

▶**任务目标**

1.掌握点、线、面的投影规律。

2.理解点、线、面投影图的绘制方法。

►**任务准备**

一、工具准备

小组讨论分工合作，完成任务表2-4的填写。

表2-4　任务表

准备名称	准备内容	完成情况/负责人
绘图工具	工程绘图工具包、图板、丁字尺	
模型或挂图	点、线、面、纸板、机械图纸	
学习资料	任务书、教材	

二、知识准备

1. 点的投影规律

想一想：空间一点位置确定后，用正投影法形成的投影位置是否确定？

规定：用大写字母（如 A）表示空间点，它的水平投影、正面投影、侧面投影分别用相应的小写字母（如 a、a'、a''）表示。

将空间点 S 分别向三个投影面投射，投影面展开后得到如图2-7所示的投影图。由投影图可看出 S 点的投影有以下规律：

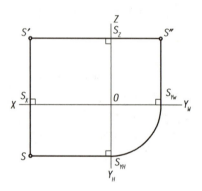

图2-7　点的投影规律

（1）点 S 的 V 面投影和 H 面投影的连线垂直于 OX 轴，即 $S'S \perp OX$。

（2）点 S 的 V 面投影和 W 面投影的连线垂直于 OZ 轴，$S'S'' \perp OZ$。

（3）点 S 的 H 面投影到 OX 轴的距离等于其 W 面投影至 OZ 轴的距离，$SS_X = S''S_Z$。

2. 点的坐标

点的投影和点的坐标关系如图2-8所示。

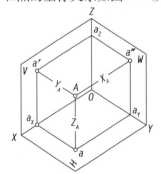
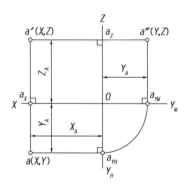

图2-8　点的投影和点的坐标

x 坐标 = 点 A 到 W 面的距离 $XA = Aa'' = a'a_z = aa_Y = Oa_x$；

y 坐标 = 点 A 到 V 面的距离 $YA = Aa' = aa_x = a''a_z = Oa_Y$；

z 坐标 = 点 A 到 H 面的距离 $ZA = Aa = a'a_x = a''a_Y = Oa_z$。

3.直线的投影

空间直线与投影面的相对位置有三种:投影面平行线、投影面垂直线和一般位置直线。

1)投影面平行线

投影面平行线是只平行于一个投影面,而与另外两个投影面倾斜的直线。

投影面平行线根据直线平行于哪一个投影面可以分为水平线、正平线和侧平线。

(1)水平线:平行于水平面且倾斜于正面和侧面的直线。

(2)正平线:平行于正面且倾斜于水平面和侧面的直线。

(3)侧平线:平行于侧面且倾斜于正面和水平面的直线。

友情提示:"且"字表示两个条件同时都要满足,缺一不可。

投影面平行线的投影特性见表2-5。

表2-5　投影面平行线的投影特性

名称	水平线	正平线	侧平线
直观图			
投影图			

投影特性:

(1)投影面平行线在所平行的投影面上的投影为一段反映实长的斜线。

(2)投影面平行线在其他两个投影面上的投影分别平行于相应的投影轴,长度缩短。

2)投影面垂直线

投影面垂直线是垂直于一个投影面,而与另外两个投影面平行的直线。

投影面垂直线根据直线垂直于哪一个投影面可以分为:铅锤线、正垂线和侧垂线。

(1)铅垂线:垂直于水平面的直线。

(2)正垂线:垂直于正面的直线。

(3)侧垂线:垂直于侧面的直线。

想一想:铅垂线垂直于水平面,与另两个投影面是什么位置关系?

投影面垂直线的投影特性见表2-6。

表2-6　投影面垂直线的投影特性

名称	铅垂线	正垂线	侧垂线
直观图			
投影图			

投影特性:

(1)投影面垂直线在所垂直的投影面上的投影积聚为一点。

(2)投影面垂直线在其他两个投影面上的投影分别平行于相应的投影轴,且反映实长。

3)一般位置直线

一般位置直线是既不平行也不垂直于任何一个投影面,即与三个投影面都处于倾斜位置的直线,如图2-9所示。

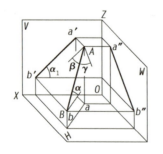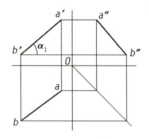

图2-9　一般位置直线

从图2-9看出三个投影均不反映实长;与投影轴的夹角不反映空间直线对投影面的倾角。

投影特性：

（1）ab、$a'b'$、$a''b''$均小于实长。

（2）ab、$a'b'$、$a''b''$均倾斜于投影轴。

4. 平面的投影

1）投影面平行面

投影面平行面是平行于一个投影面，垂直于另外两个投影面的平面。

想一想：某一平面平行于一个投影面，那么它与另两个投影面可能是什么位置关系？

投影面平行面根据平面平行于哪一个投影面，可以分为水平面、正平面和侧平面。

（1）水平面：平行于水平面的平面。

（2）正平面：平行于正面的平面。

（3）侧平面：平行于侧面的平面。

投影面平行面的投影特性见表2-7。

表2-7 投影面平行面的投影特性

名称	水平面	正平面	侧平面
直观图			
投影图			

投影特性：

（1）投影面平行面在所平行的投影面上的投影反映实形。

（2）投影面平行面在其他两投影面上的投影分别积聚成直线，且平行于相应的投影轴。

2）投影面垂直面

投影面垂直面是垂直于一个投影面且倾斜于另外两个投影面的平面。

投影面垂直面根据平面垂直于哪一个投影面，可以分为铅垂面、正垂面和侧垂面。

（1）铅垂面：垂直于水平面且倾斜于正面和侧面的平面。

（2）正垂面：垂直于正面且倾斜于水平面和侧面的平面。

（3）侧垂面：垂直于侧面且倾斜于水平面和正面的平面。

投影面垂直面的投影特性见表2-8。

表2-8　投影面垂直面的投影特性

名称	铅垂面	正垂面	侧垂面
直观图			
投影图			

3）一般位置平面

一般位置平面是与三个投影面都倾斜的平面，如图2-10所示。

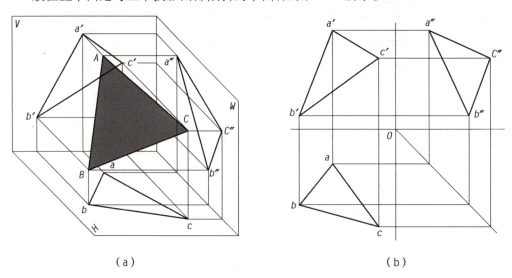

（a）　　　　　　　　　　　（b）

图2-10　一般位置平面

投影特性：

一般位置平面在三个投影平面上的投影，均是原平面的类似形，而且面积缩小，不反映真实现状。

▶**任务练习**

1.已知点的两面投影，求作其第三面投影，如图2-11所示。

（1）已知 a'、a''，求 a；

（2）已知 a a''，求 a'。

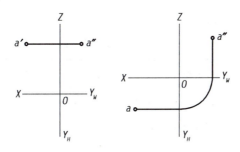

图 2-11 点的投影作图

2. 作直线的三面投影，已知 $a'b'$，求 ab、$a''b''$，如图 2-12 所示。

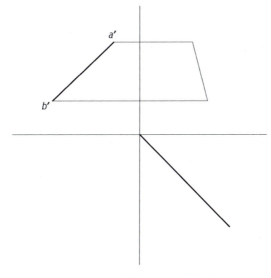

图 2-12 直线的投影作图

3. 作平面的三面投影，已知 $a'b'c'$，$a''b''c''$，求 abc，如图 2-13 所示。

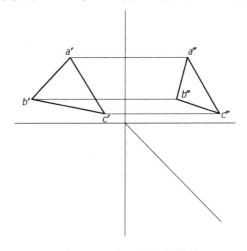

图 2-13 平面的投影作图

▶**任务评价**

根据任务完成情况,如实填写表2-9。

表2-9　任务过程评价表

序　号	评价要点	配分	得分	总　评
1	绘图工具、资料、知识等准备充分	10		
2	能正确使用绘图仪器及各类工具	30		A(80分以上)　□
3	能正确、规范地进行点线面投影作图	30		B(70~79分)　□
4	信息化意识强,能熟练查阅所需资料	10		C(60~69分)　□
5	小组学习氛围浓厚,沟通协作好	10		D(59分以下)　□
6	具有文明规范绘图职业习惯	10		

▶**任务小结**

请小结完成本次任务过程中的优缺点,并提出改进计划,如实填写表2-10。

表2-10　任务小结表

完成事项	优　点	存在的问题	改进计划
任务准备			
任务练习			
其他			

任务三　基本几何体投影作图

▶**任务描述**

　　机器上的零件,不论形状多么复杂,都可以看作是由基本几何体按照不同的方式组合而成的。基本体包括平面体和曲面体两类。平面体的每个表面都是平面,如棱柱、棱锥等;曲面体至少有一个表面是曲面,如圆柱、圆锥、圆球等。

▶**任务目标**

　　1.掌握基本几何体投影图的绘制方法。

2.理解基本几何体的投影图。

▶**任务准备**

一、工具准备

小组讨论分工合作,完成任务表 2-11 的填写。

表 2-11 任务表

准备名称	准备内容	完成情况/负责人
绘图工具	工程绘图工具包、图板、丁字尺	
模型或挂图	纸板、立体模型、机械图纸	
学习资料	任务书、教材	

二、知识准备

1.棱柱

棱柱的棱线互相平行。常见的棱柱有三棱柱、四棱柱、五棱柱和六棱柱等。正五棱柱三视图如图 2-14 所示。

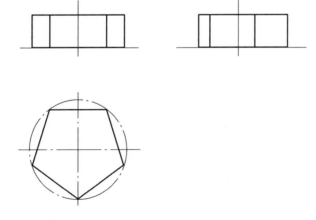

图 2-14 正五棱柱三视图

2.棱锥

棱锥的棱线交于一点。常见的棱锥有三棱锥、四棱锥和五棱锥等。四棱锥三视图如图 2-15 所示。

3.圆柱

圆柱面可看作由一条直母线绕与其平行的轴线回转而成。圆柱面上任意一条平行于轴线的直线,称为圆柱面的素线。圆柱三视图如图 2-16 所示。

4.圆锥

圆锥由圆锥面和底面围成。圆锥面可看作由一条直母线绕与其相交的轴线回转而成。圆锥三视图如图 2-17 所示。

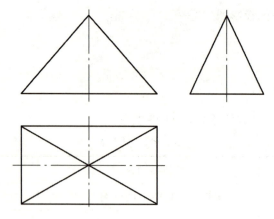

图 2-15　四棱锥三视图

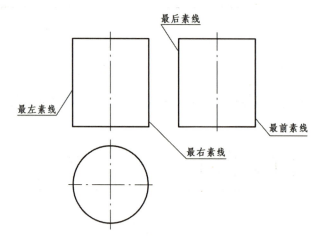

图 2-16　圆柱三视图

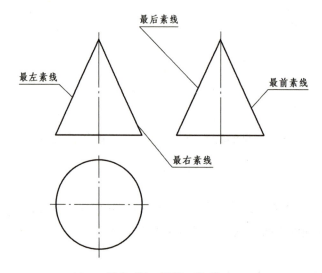

图 2-17　圆锥三视图

5.球

球的表面可看作由一条圆母线绕其直径回转而成。球三视图三面投影都为圆形。

▶**任务练习**

绘制一级减速器套筒三视图,示意图如图2-18所示。

(1)图纸大小根据图形合理选择。

(2)图框种类自选。

(3)标注尺寸正确,线型规范,符合国家标准规定。

(4)标题栏:制图姓名填写本人,时间正确,单位填学校名称,其他按实际情况填写。

图2-18　一级减速器
套筒示意图

▶**任务评价**

根据任务完成情况,如实填写表2-12。

表2-12　任务过程评价表

序　号	评价要点	配分	得分	总　评
1	绘图工具、资料、知识等准备充分	10		
2	能正确使用绘图仪器及各类工具	30		A(80分以上)□
3	能正确、规范绘制三视图	30		B(70～79分)□
4	信息化意识强,能熟练查阅所需资料	10		C(60～69分)□
5	小组学习氛围浓厚,沟通协作好	10		D(59分以下)□
6	具有文明规范绘图职业习惯	10		

▶**任务小结**

请小结完成本次任务过程中的优缺点,并提出改进计划,如实填写表2-13。

表2-13　任务小结表

完成事项	优　点	存在的问题	改进计划
任务准备			
任务练习			
其他			

任务四　绘制轴测图

▶任务描述

　　正投影图能完整、准确地反映物体的形状和大小,且度量性好、作图简单,但立体感不强,只有具备一定读图能力的人才能看懂。

　　工程上还常采用一种立体感较强的图来表达物体,即轴测图。轴测图是用轴测投影的方法画出来的富有立体感的图形,它接近人们的视觉习惯,但不能确切地反映物体真实的形状和大小,并且作图较正投影复杂,因此在生产中常作为辅助图样,用来帮助人们读懂正投影图。

▶任务目标

　　1.了解正等轴测图和斜二轴测图的形成方法。

　　2.掌握正等轴测图和斜二轴测图的绘制方法。

▶任务准备

一、工具准备

　　小组讨论分工合作,完成任务表2-14。

表2-14　任务表

准备名称	准备内容	完成情况/负责人
绘图工具	工程绘图工具包、图板、丁字尺	
模型或挂图	机械图纸	
学习资料	任务书、教材	

二、知识准备

1.轴测图定义和分类

　　轴测图是将物体连同其直角坐标系,沿不平行于任一坐标面的方向,用平行投影法投射在单一投影面上所得到的具有立体感的图形,又称作轴测投影。

　　轴测图分类见表2-15。

表 2-15 轴测图分类

		正轴测投影			斜轴测投影		
特性		投影线与轴测投影面垂直			投影线与轴测投影面倾斜		
轴测类型		等测投影	二测投影	三测投影	等测投影	二测投影	三测投影
简称		正等测	正二测	正三测	斜等测	斜二测	斜三测
应用举例	伸缩系数	$p_1 = q_1 = r_1 = 0.82$	$p_1 = r_1 = 0.94$ $q_1 = \dfrac{p_1}{2} = 0.47$	视具体要求选用	视具体要求选用	$p_1 = r_1 = 1$ $q_1 = 0.5$	视具体要求选用
	简化系数	$p = q = r = 1$	$p = r = 1$ $q = 0.5$			无	
	轴间角						
	例图						

2.轴测投影的基本性质

(1)平行性:物体上互相平行的线段,轴测投影仍互相平行。

(2)度量性:物体上不平行于轴测投影面的平面图形,在轴测图上变成原形的类似形。

▶任务练习

1.根据图 2-19 的三视图绘制正等轴测图。

2.根据图 2-20 的图形绘制斜二轴测图。

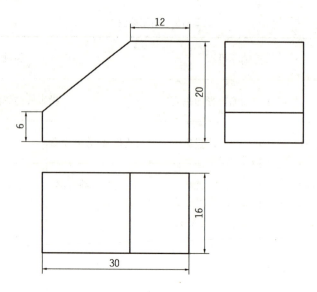

图 2-19　根据三视图绘制正等轴测图

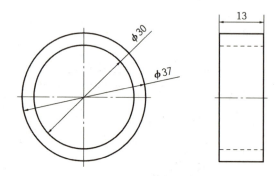

图 2-20　根据图形绘制斜二轴测图

▶**任务评价**

根据任务完成情况,如实填写表 2-16。

表 2-16　任务过程评价表

序　号	评价要点	配分	得分	总　评
1	绘图工具、资料、知识等准备充分	10		A(80 分以上)　□
2	能正确使用绘图仪器及各类工具	30		B(70~79 分)　□
3	能正确、规范绘制轴测图	30		C(60~69 分)　□
4	信息化意识强,能熟练查阅所需资料	10		D(59 分以下)　□
5	小组学习氛围浓厚,沟通协作好	10		
6	具有文明规范绘图的职业习惯	10		

▶**任务小结**

请小结完成本次任务过程中的优缺点，并提出改进计划，如实填写表2-17。

表2-17　任务小结表

完成事项	优　点	存在的问题	改进计划
任务准备			
任务练习			
其他			

项目三 绘制立体表面交线

▶项目目标

知识目标

1.理解截交线的作图方法；

2.掌握截断体的三视图；

3.理解相贯线的作图方法；

4.掌握相贯体的三视图。

技能目标

1.能绘制截交线的投影图；

2.能绘制相贯线的投影图。

情感目标

1.激发学习兴趣,养成严谨的工作态度,精益求精；

2.培养好学向上、积极动手、团结协作、吃苦耐劳等良好品质；

3.培养7S职业素养。

▶项目描述

在实际应用中,零件往往不是规则的基本几何体,而是由基本几何体经过不同方式的截割或组合而成。

任务一 绘制截交线

▶任务描述

平面与立体表面相交,可以认为是立体被平面截切。此平面通常称为截平面,截平面与立体表面的交线称为截交线。

▶任务目标

1.理解截交线的作图方法。

2.掌握截断体的三视图。

▶任务准备

一、工具准备

小组讨论分工合作,完成任务表 3-1 的填写。

表 3-1 任务表

准备名称	准备内容	完成情况/负责人
绘图工具	绘图工具包、图板、丁字尺	
模型或挂图	机械图纸	
学习资料	任务书、教材	

二、知识准备

1.截交线的性质

(1)截交线一定是一个封闭的平面图形。

(2)截交线既在截平面上,又在立体表面上,截交线是截平面和立体表面的共有线。截交线上的点都是截平面与立体表面上的共有点。

因为截交线是截平面与立体表面的共有线,所以求作截交线的实质就是求出截平面与立体表面的共有点。

2.平面与平面立体相交

平面立体的表面是平面图形,因此平面与平面立体的截交线为封闭的平面多边形。多边形的各个顶点是截平面与立体的棱线或底边的交点,多边形的各条边是截平面与平面立体表面的交线,如图 3-1 所示。

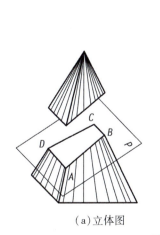

（a）立体图　　　　　　　　　　　（b）投影图

图 3-1　四棱锥的截交线

分析：截平面与棱锥的四条棱线相交，可判定截交线是四边形，其四个顶点分别是四条棱线与截平面的交点。因此，只要求出截交线的四个顶点在各投影面上的投影，然后依次连接顶点的同名投影，即得截交线的投影。

3. 平面与曲面立体相交

曲面立体的表面是至少有一个曲面，如圆柱。平面截切圆柱时，根据截平面与圆柱轴线的相对位置不同，其截交线有三种不同的形状。当截平面与圆柱的轴线倾斜，截交线为椭圆，如图 3-2（a）所示。

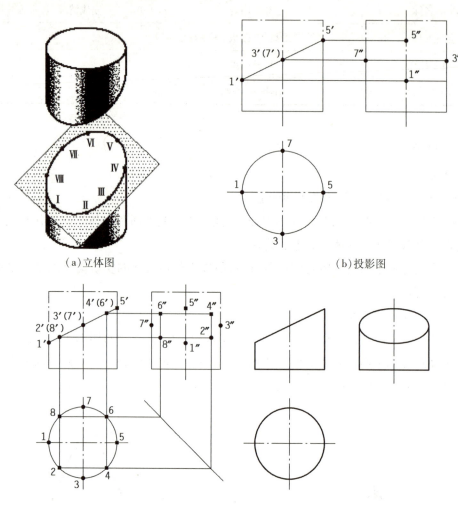

图 3-2　圆柱的截交线

分析：截平面与圆柱的轴线倾斜，故截交线为椭圆。此椭圆的正面投影积聚为一直线。由于圆柱面的水平投影积聚为圆，而椭圆位于圆柱面上，故椭圆的水平投影与圆柱面水平投影重合。椭圆的侧面投影是它的类似形，仍为椭圆，可根据投影规律由正面投影和水平投影求出侧面投影。

▶任务练习

1. 绘制六棱柱被切割三视图，示意图如图 3-3 所示。

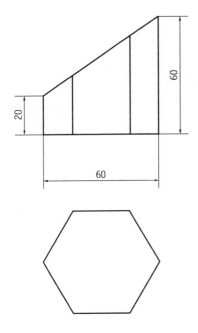

图 3-3 六棱柱被切割作图

2. 绘制圆锥被切割三视图,示意图如图 3-4 所示。

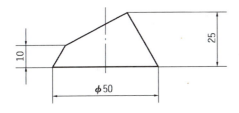

图 3-4 圆锥被切割作图

▶任务评价

根据任务完成情况,如实填写表 3-2。

表 3-2 任务过程评价表

序 号	评价要点	配分	得分	总 评
1	绘图工具、资料、知识等准备充分	10		A(80 分以上) ☐ B(70～79 分) ☐ C(60～69 分) ☐ D(59 分以下) ☐
2	能正确使用绘图仪器及各类工具	30		
3	能正确、规范地绘制截交线和物体三视图	30		
4	信息化意识强,能熟练查阅所需资料	10		
5	小组学习氛围浓厚,沟通协作好	10		
6	具有文明规范绘图职业习惯	10		

▶任务小结

请小结完成本次任务过程中的优缺点，并提出改进计划，如实填写表3-3。

表3-3　任务小结表

完成事项	优　点	存在的问题	改进计划
任务准备			
任务练习			
其他			

任务二　绘制相贯线

▶任务描述

两立体表面相交且两部分形体相互贯穿而形成的图线称为相贯线。

▶任务目标

1. 理解相贯线的作图方法。

2. 掌握相贯体的三视图。

▶任务准备

一、工具准备

小组讨论分工合作，完成任务表3-4的填写。

表3-4　任务表

准备名称	准备内容	完成情况/负责人
绘图工具	绘图工具包、图板、丁字尺	
模型或挂图	机械图纸	
学习资讯	任务书、教材	

二、知识准备

1. 相贯线的两个基本特性

（1）相贯线是两个曲面立体表面的共有线，也是两个曲面立体表面的分界线。相贯线上的点是两个曲面立体表面的共有点。

（2）相贯线一般为封闭的空间曲线,特殊情况下可能是平面曲线或直线。

求两个曲面立体相贯线的实质就是求它们表面的共有点。

作图时,依次求出特殊点和一般点,判别其可见性,然后将各点光滑连接起来,即得相贯线。

2.相贯线的画法

相贯线画法如图3-5所示。

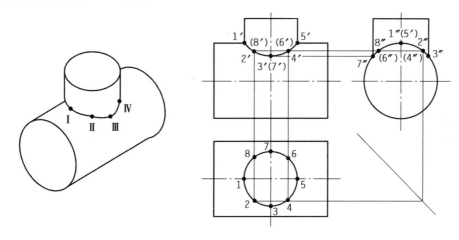

图3-5　相贯线画法

▶任务练习

1.作曲面体被切割后的左视图,如图3-6所示。

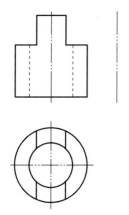

图3-6　曲面体切割练习1

2. 作曲面体被切割后的左视图,如图3-7所示。

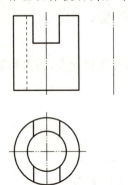

图 3-7　曲面体切割练习 2

▶任务评价

根据任务完成情况,如实填写表3-5。

表 3-5　任务过程评价表

序　号	评价要点	配分	得分	总　评
1	绘图工具、资料、知识等准备充分	10		
2	能正确使用绘图仪器及各类工具	30		A(80 分以上) □
3	能正确、规范绘制相贯线和物体三视图	30		B(70 ~ 79 分) □
4	信息化意识强,能熟练查阅所需资料	10		C(60 ~ 69 分) □
5	小组学习氛围浓厚,沟通协作好	10		D(59 分以下) □
6	具有文明规范绘图职业习惯	10		

▶任务小结

请小结完成本次任务过程中的优缺点,并提出改进计划,如实填写表3-6。

表 3-6　任务小结表

完成事项	优　点	存在的问题	改进计划
任务准备			
任务练习			
其他			

项目四　图样的表达方式

▶项目目标

知识目标

1. 了解组合体的组合形式；

2. 理解组合体表面的连接关系；

3. 熟悉组合体的读图、绘图方法；

4. 理解图样的各种表达方式；

5. 理解剖视图、断面图和其他表达方法的应用和国标规定；

6. 掌握组合体视图的画法。

技能目标

1. 能读懂和绘制组合体的三视图，能徒手绘制组合体草图；

2. 能绘制各种表达方式下的投影；

3. 能合理选择零件的表达方式；

4. 能绘制剖视图、断面图和其他表达方法；

5. 能用正确的表达方式表达机件。

情感目标

1. 养成正确绘图的习惯；

2. 激发学习兴趣，养成严谨的工作态度，精益求精；

3. 培养好学向上、积极动手、团结协作、吃苦耐劳等良好品质；

4. 培养 7S 职业素养。

▶项目描述

　　三视图是表达物体形状的基本方法，而不是唯一方法。有时，由于物体形状复杂，需要增加视图数量；有时，为了画图方便，需要采用各种辅助视图。

任务一　绘制组合体

▶**任务描述**

　　组合体可以理解为是把零件进行必要的简化,将零件看作由若干个基本几何体组成。所以学习组合体的投影作图为零件图的绘制提供了基本的方法,即形体分析法。学习组合体的投影作图为绘制零件图奠定了重要的基础。

▶**任务目标**

1.了解组合体的组合形式。

2.理解组合体表面的连接关系。

3.熟悉组合体的读图、绘图方法。

▶**任务准备**

一、工具准备

小组讨论分工合作,完成任务表4-1的填写。

表4-1　任务表

准备名称	准备内容	完成情况/负责人
绘图工具	绘图工具包、图板、丁字尺	
模型或挂图	机械图纸	
学习资料	任务书、教材	

二、知识准备

1.组合体的组合形式(如图4-1所示)

1)叠加形组合体

叠加形组合体可以看成由若干基本形体叠加而成。

2)切割形组合体

切割形组合体可以看成将一个完整的基本体经过切割或穿孔后形成。

3)综合体

综合体是上面两种基本形式的综合。

(a)叠加型　　　　　　　　(b)切割型　　　　　　　(c)综合型

图4-1　组合体的组合形式

2.组合体的表面连接关系

组合体中的基本形体经过叠加、切割或穿孔后,形体的相邻表面之间可能形成共面、相切或相交三种特殊关系。

1)共面或不共面

当两基本体表面共面时,结合处不画分界线。当两基本体表面不共面时,结合处应画出分界线,如图4-2所示。

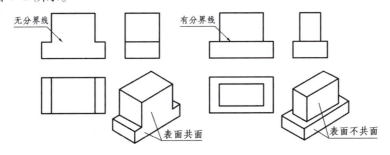

图4-2　表面共面和不共面的画法

2)相切

当两基本体表面相切时,在相切处不画分界线,如图4-3所示。

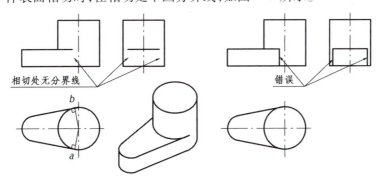

图4-3　表面相切的画法

3)相交

当两基本体表面相交时,在相交处应画出分界线,如图4-4所示。

3.组合体读图、绘图的基本方法

组合体读图和画图的方法主要是运用形体分析法。现以图4-5为例,说明形体分析法读组合体视图的方法与步骤。

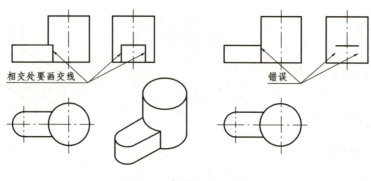

相交处要画交线   错误

图4-4   表面相交的画法

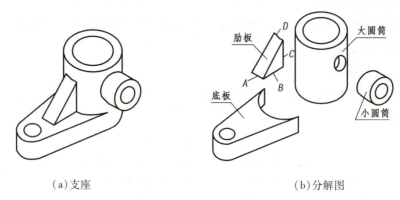

肋板   大圆筒

底板   小圆筒

（a）支座   （b）分解图

图4-5   组合体的形体分析

1）形体分析

图4-5中的支座由大圆筒、小圆筒、底板和肋板组成，从图中可以看出大圆筒与底板接合，底板的底面与大圆筒底面共面，底板的侧面与大圆筒的外圆柱面相切；肋板叠加在底板的上表面上，右侧与大圆筒相交，其表面交线为 A、B、C、D，其中 D 为肋板斜面与圆柱面相交而产生的椭圆弧；大圆筒与小圆筒的轴线正交，两圆筒相贯连成一体，因此两者的内外圆柱面相交处都有相贯线。

2）选择主视图

表达组合体形状的一组视图中，主视图是最主要的视图。在画三视图时，主视图的投影方向确定以后，其他视图的投影方向也就被确定了。因此，主视图的选择是绘图中的一个重要环节。主视图的选择一般根据形体特征原则来考虑，即以最能反映组合体形体特征的那个视图作为主视图，同时兼顾其他两个视图表达的清晰性。选择时还应考虑物体的安放位置，尽量使其主要平面和轴线与投影面平行或垂直，以便使投影能得到实形。

如图4-6所示的支座，比较箭头所指的各个投影方向，选择 A 向投影为主视图较为合理。

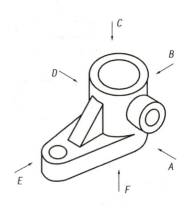

图4-6   主视图方向选择

3）确定比例和图幅

视图确定后，要根据物体的复杂程度和尺寸大小，按照标准的规定选择适当的比例与图幅。选择的图幅要留有足够的空间以便于标注尺寸和画标题栏等。

4）布置视图位置

布置视图时，应根据已确定的各视图每个方向的最大尺寸，并考虑到尺寸标注和标题栏等所需的空间，匀称地将各视图布置在图幅上。

5）绘制底稿

支座的绘图步骤如图 4-7 所示。

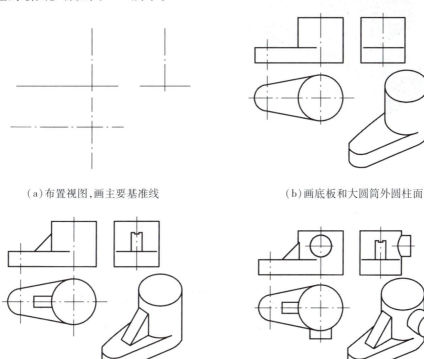

（a）布置视图，画主要基准线　　　（b）画底板和大圆筒外圆柱面

（c）画肋板　　　（d）画小圆筒外圆柱面

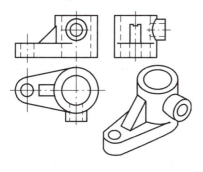

（e）画三个圆孔　　　（f）检查、描深，完成全图

图 4-7　支座三视图的作图步骤

▶任务练习

运用形体分析法绘制图4-8所示组合体的三视图。

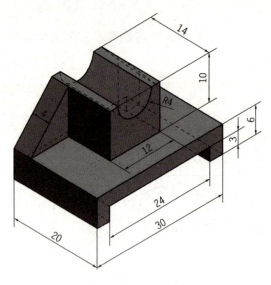

图4-8　组合体作图

▶任务评价

据任务完成情况,如实填写表4-2。

表4-2　任务过程评价表

序　号	评价要点	配分	得分	总　评
1	绘图工具、资料、知识等准备充分	10		
2	能正确使用绘图仪器及各类工具	30		A(80分以上)　□
3	能正确、规范地绘制组合体三视图	30		B(70~79分)　□
4	信息化意识强,能熟练查阅所需资料	10		C(60~69分)　□
5	小组学习氛围浓厚,沟通协作好	10		D(59分以下)　□
6	具有文明规范绘图职业习惯	10		

▶任务小结

请小结完成本次任务过程中的优缺点,并提出改进计划,如实填写表4-3。

表4-3 任务小结表

完成事项	优 点	存在的问题	改进计划
任务准备			
任务练习			
其他			

任务二 视图表达

▶任务描述

当机件的外部结构形状在各个方向(上下、左右、前后)都不相同时,三视图往往不能清晰地把它表达出来。因此,必须加上更多的投影面,以得到更多的视图。

▶任务目标

1. 了解六面基本视图的名称、配置关系和三等关系。

2. 掌握向视图的画法。

3. 掌握局部视图和斜视图的画法。

▶任务准备

一、工具准备

小组讨论分工合作,完成任务表4-4的填写。

表4-4 任务表

准备名称	准备内容	完成情况/负责人
绘图工具	绘图工具包、图板、丁字尺	
模型或挂图	机械图纸	
学习资料	任务书、教材	

二、知识准备

1. 基本视图

为了清晰地表达机件六个方向的形状,可在 H、V、W 三投影面的基础上,再增加三个基本投影面。这六个基本投影面组成了一个方箱,把机件围在当中,如图4-9(a)所示。机件

51

在每个基本投影面上的投影,都称为基本视图。图4-9(b)表示机件投影到六个投影面上后,投影面展开的方法。展开后,六个基本视图的配置关系和视图名称如图4-9(c)所示。按图4-9(b)所示,位置在一张图纸内的基本视图,一律不注视图名称。

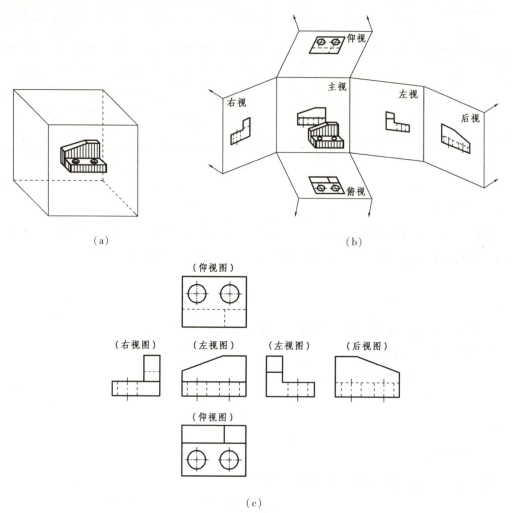

图 4-9 六个基本视图

友情提示:六个基本视图之间,仍然保持着与三视图相同的投影规律,主、俯、仰、后:长对正;主、左、右、后:高平齐;俯、左、仰、右:宽相等。

2. 向视图

有时为了便于合理地布置基本视图,可以采用向视图。向视图是可自由配置的视图,它的标注方法为:在向视图的上方注写"×"(×为大写的英文字母,如"A""B""C"等),并在相应视图的附近用箭头指明投影方向,并注写相同的字母,如图4-10所示。

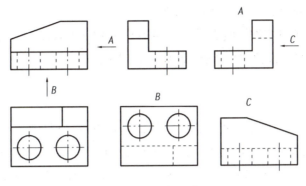

图 4-10　向视图

3. 局部视图

当采用一定数量的基本视图后,机件上仍有部分结构形状尚未表达清楚,而又没有必要再画出完整的其他的基本视图时,可采用局部视图来表达。

只将机件的某一部分向基本投影面投射所得到的图形,称为局部视图。

局部视图是不完整的基本视图,利用局部视图可以减少基本视图的数量,使表达简洁,重点突出。

例如图 4-11 所示工件,画出了主视图和俯视图,已将工件基本部分的形状表达清楚,只有左、右两侧凸台和左侧肋板的厚度尚未表达清楚,此时便可像图中的 A 向和 B 向那样,只画出所需要表达的部分,如图 4-11(b)所示。这样重点突出、简单明了,有利于画图和看图。

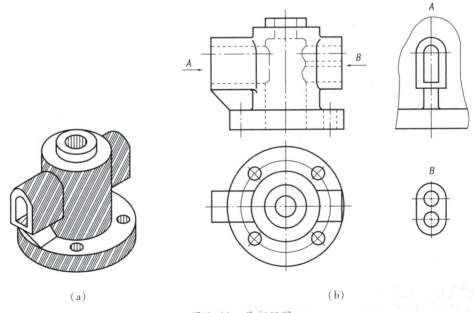

(a)　　　　　　　　　　　　　　(b)

图 4-11　局部视图

(1)在相应的视图上用带字母的箭头指明所表示的投影部位和投影方向,并在局部视图上方用相同的字母标明"×"。

(2)局部视图最好画在有关视图的附近,并直接保持投影联系。也可以画在图纸内的其他地方,如图 4-11(b)中右下角画出的 B 视图。当表示投影方向的箭头标在不同的视图上

时,同一部位的局部视图的图形方向可能不同。

(3)局部视图的范围用波浪线表示,如图 4-11(b)中 A 向视图。所表示的图形结构完整且外轮廓线又封闭时,则波浪线可省略,如图 4-11(b)中 B 向视图。

4.斜视图

1)斜视图的概念

将机件向不平行于任何基本投影面的投影面进行投影,所得到的视图称为斜视图。斜视图适合于表达机件上斜表面的实形。例如图 4-12 所示是一个弯板形机件,它的倾斜部分在俯视图和左视图上的投影都不是实形。此时就可以另外加一个平行于该倾斜部分的投影面,在该投影面上则可以画出倾斜部分的实形投影,如图 4-12 中的 A 向视图所示。

2)斜视图的标注

斜视图的标注方法与局部视图相似,并且应尽可能配置在与基本视图直接保持投影联系的位置,也可以平移到图纸内的适当地方。为了画图方便,也可以旋转,但必须在斜视图上方注明旋转标记,如图 4-12 所示。

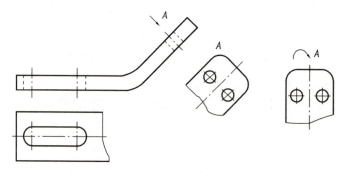

图 4-12 斜视图

友情提示:画斜视图时增设的投影面只垂直于一个基本投影面,因此,机件上原来平行于基本投影面的一些结构,在斜视图中最好以波浪线为界而省略不画,以避免出现失真的投影。在基本视图中也要注意处理好这类问题,如图 4-12 中不用俯视图而用 A 向视图,即是一例。

▶**任务练习**

1.在任务一练习 1 基础上,作出图 4-8 六个基本视图。

2.作出图 4-13 的 A 向视图。

图 4-13 向视图作图

▶任务评价

根据任务完成情况,如实填写表4-5。

表4-5 任务过程评价表

序　号	评价要点	配分	得分	总　评
1	绘图工具、资料、知识等准备充分	10		A(80分以上) ☐ B(70~79分) ☐ C(60~69分) ☐ D(59分以下) ☐
2	能正确使用绘图仪器及各类工具	30		
3	能正确、规范地运用视图表达方式绘制图形	30		
4	信息化意识强,能熟练查阅所需资料	10		
5	小组学习氛围浓厚,沟通协作好	10		
6	具有文明规范绘图职业习惯	10		

▶任务小结

请小结完成本次任务过程中的优缺点,并提出改进计划,如实填写表4-6。

表4-6 任务小结表

完成事项	优　点	存在的问题	改进计划
任务准备			
任务练习			
其他			

任务三　绘制剖视图、断面图和其他表达方法

▶任务描述

为了用较少的图形把机件的形状完整清晰地表达出来,就必须使每个图形能较多地表达机件的形状。这样,就产生了各种剖视图、断面图和其他表达方法。

▶任务目标

1. 理解剖视图的形成。

2. 掌握金属剖面线的画法。

3. 掌握剖视图的画法和标注方法。

4. 掌握全剖视图、半剖视图、局部剖视图的画法、标注方法。

5. 掌握阶梯剖视图、旋转剖视图、斜剖视图的画法、标注方法。

6. 熟悉复合剖视图的画法、标注方法。

7. 理解断面图的概念和分类。

8. 掌握断面图的画法和标注方法。

9. 理解局部放大图及其简化画法。

▶任务准备

一、工具准备

小组讨论分工合作,完成任务表4-7的填写。

表4-7 任务表

准备名称	准备内容	完成情况/负责人
绘图工具	绘图工具包、图板、丁字尺	
模型或挂图	机械图纸	
学习资料	任务书、教材	

二、知识准备

1. 剖视图

1)剖视图的定义

用一剖切平面剖开机件,然后将处在观察者和剖切平面之间的部分移去,并将其余部分向投影面投影所得的图形,称为剖视图(简称剖视)。

如图4-14(a)所示的机件,在主视图中,用虚线表达其内部结构不够清晰。按照图4-14(b)所示的方法,假想沿机件前后对称平面把它剖开,拿走剖切平面前面的部分后,将后面部分再向正投影面投影,这样就得到了一个剖视的主视图,如图4-14(c)所示。

2)剖面符号

机件被假想剖切后,在剖视图中,剖切面与机件接触部分称为剖面区域。为了使剖面区域与其余部分区分开,应在剖面区域内画剖面符号。国家标准规定了各种材料的剖面符号,见表4-8。

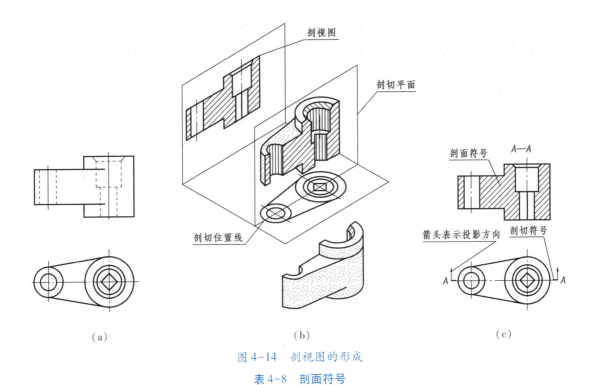

（a） （b） （c）

图 4-14 剖视图的形成

表 4-8 剖面符号

材料名称	剖面符号	材料名称	剖面符号	材料名称	剖面符号
金属材料（已有规定剖面符号者除外）		线圈绕组元件		混凝土	
非金属材料（已有规定剖面符号者除外）		转子、电枢、变压器和电抗器的叠钢片		钢筋混凝土	
玻璃及其他透明材料		胶合板（不分层数）		格网（筛网、过滤网等）	
木材 纵剖面		型砂、填砂、砂轮、陶瓷及硬质合金、粉末冶金		砖	
木材 横剖面		液体		基础周围泥土	

3）剖视图的画法

画剖视图时，首先要选择适当的剖切位置，使剖切平面尽量通过较多的内部结构（孔、槽

57

等)的轴线或对称平面,并平行于选定的投影面。例如在图4-14中,是以机件的前后对称平面为剖切平面。其次,内外轮廓要画齐。机件剖开后,处在剖切平面之后的所有可见轮廓线都应画齐,不得遗漏。最后要画上剖面符号。

4)剖视图的标注

剖视图的标注一般应该包括三部分:剖切平面的位置、投影方向和剖视图的名称。标注方法如图4-14所示:在剖视图中用剖切符号(即粗短线)标明剖切平面的位置,并写上字母;用箭头指明投影方向;在剖视图上方用相同的字母标出剖视图的名称"×—×"。

友情提示:

(1)剖视只是一种表达机件内部结构的方法,并不是真正剖开和拿走一部分。因此,除剖视图以外,其他视图要按原来形状画出。

(2)剖视图中一般不画虚线,但如果画少量虚线可以减少视图数量,而又不影响剖视图的清晰时,也可以画出这种虚线。

(3)机件剖开后,凡是看得见的轮廓线都应画出,不能遗漏。要仔细分析剖切平面后面的结构形状,分析有关视图的投影特点,以免画错。

2.剖视图的种类

为了用较少的图形把机件的形状完整清晰地表达出来,就必须使每个图形能较多地表达机件的形状。这样,就产生了各种剖视图。按剖切范围的大小,剖视图可分为全剖视图、半剖视图、局部剖视图。按剖切面的种类和数量,剖视图可分为阶梯剖视图、旋转剖视图、斜剖视图和复合剖视图。

1)全剖视图

用剖切平面将机件全部剖开后进行投影所得到的剖视图,称为全剖视图(简称全剖视)。例如图4-15中的主视图和左视图均为全剖视图。

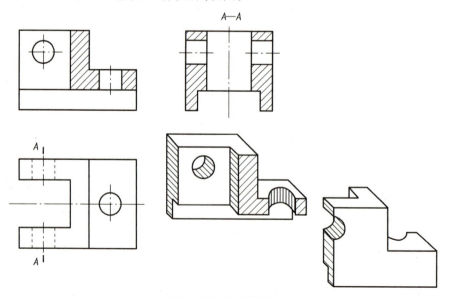

图4-15 全剖视图

2）半剖视图

当机件具有对称平面时,以对称中心线为界,在垂直于对称平面的投影面上投影得到的,由半个剖视图和半个视图合并组成的图形称为半剖视图。

半剖视图既充分表达了机件的内部结构,又保留了机件的外部形状,因此它具有内外兼顾的特点,但半剖视图只适宜于表达对称或基本对称的机件,如图4-16所示。

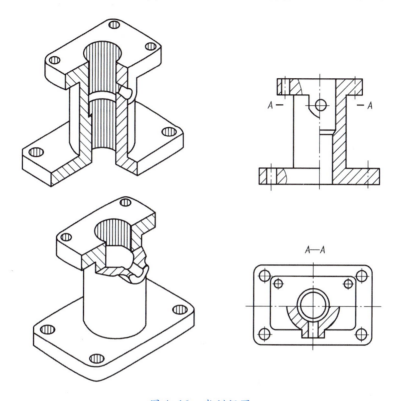

图 4-16　半剖视图

3）局部剖视图

将机件局部剖开后进行投影得到的剖视图称为局部剖视图。局部剖视图也是在同一视图上同时表达内外形状的方法,并且用波浪线作为剖视图与视图的界线。如图4-17所示的主视图和左视图,采用了局部剖视图。

3. 剖切面的种类

剖视图是假想将机件剖开而得到的视图,因为机件内部形状的多样性,剖开机件的方法也不尽相同。国家标准《机械制图》规定有:单一剖切平面、几个互相平行的剖切平面、两个相交的剖切平面、不平行于任何基本投影面的剖切平面、组合的剖切平面等。

1）单一剖切平面

用一个剖切平面剖开机件的方法称为单一剖,所画出的剖视图称为单一剖视图。单一剖切平面一般为平行于基本投影面的剖切平面。前面介绍的全剖视图、半剖视图、局部剖视图均为用单一剖切平面剖切而得到的,可见,这种方法应用最多。

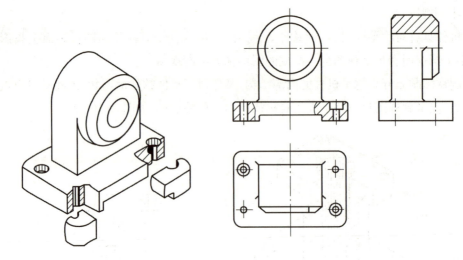

图 4-17   局部剖视图

2）几个平行的剖切平面

用两个或多个互相平行的剖切平面把机件剖开的方法称为阶梯剖,所画出的剖视图称为阶梯剖视图。阶梯剖视图适宜于表达机件内部结构的中心线排列在两个或多个互相平行的平面内的情况。

如图 4-18(a)所示机件,内部结构(小孔和沉孔)的中心位于两个平行的平面内,不能用单一剖切平面剖开,而是采用两个互相平行的剖切平面将其剖开,主视图即为采用阶梯剖方法得到的全剖视图,如图 4-18(c)所示。

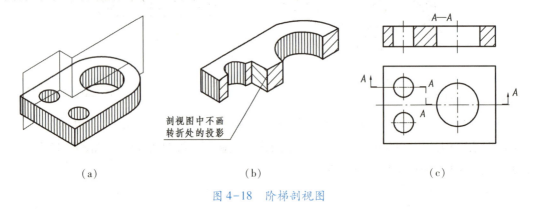

剖视图中不画
转折处的投影

（a）   （b）   （c）

图 4-18   阶梯剖视图

3）两个相交的剖切平面

用两个相交的剖切平面(交线垂直于某一基本投影面)剖开机件的方法称为旋转剖,所画出的剖视图称为旋转剖视图。

如图 4-19 所示的法兰盘,它中间的大圆孔和均匀分布在四周的小圆孔都需要剖开表示。如果用相交于法兰盘轴线的侧平面和正垂面去剖切,并将位于正垂面上的剖切面绕轴线旋转到和侧面平行的位置,这样画出的剖视图就是旋转剖视图。可见,旋转剖适用于有回转轴线的机件,而轴线恰好是两剖切平面的交线。两剖切平面中,一个为投影面平行面,另一个为投影面垂直面,如图 4-19(b)是法兰盘用旋转剖视表示的例子。

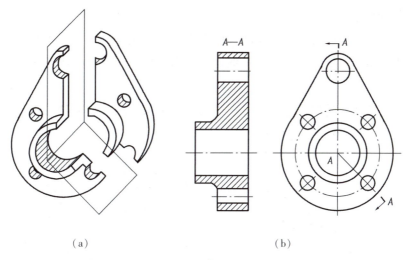

（a）　　　　　　　　　　　　（b）

图 4-19　法兰盘的旋转剖视图

4）不平行于任何基本投影面的剖切平面

用不平行于任何基本投影面的剖切平面剖开机件的方法称为斜剖,所画出的剖视图称为斜剖视图。斜剖视适用于机件的倾斜部分需要剖开以表达内部实形的时候,内部实形的投影是用辅助投影面法求得的。

如图 4-20 所示机件,它的基本轴线不与底板不垂直。为了清晰表达弯板的外形和小孔等结构,宜用斜剖视表达。此时用平行于弯板的剖切面"B—B"剖开机件,然后在辅助投影面上求出剖切部分的投影即可。

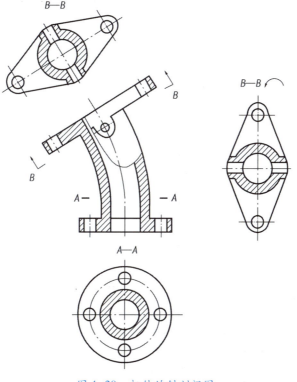

图 4-20　机件的斜剖视图

5）组合的剖切平面

当机件的内部结构比较复杂，用阶梯剖或旋转剖仍不能完全表达清楚时，可以采用以上几种剖切平面的组合来剖开机件。这种剖切方法称为复合剖，所画出的剖视图称为复合剖视图。

如图4-21（a）所示的机件，为了在一个图上表达各孔、槽的结构，便采用了复合剖视，如图4-21（b）所示，应特别注意复合剖视图中的标注方法。

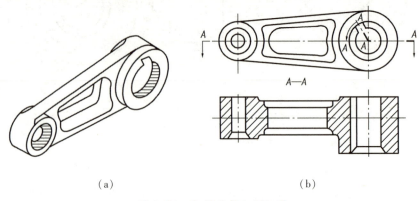

（a）　　　　　　　　　　　　（b）

图 4-21　机件的复合剖视图

▶**任务练习**

绘制输入轴端盖的全剖视图，如图4-22所示。

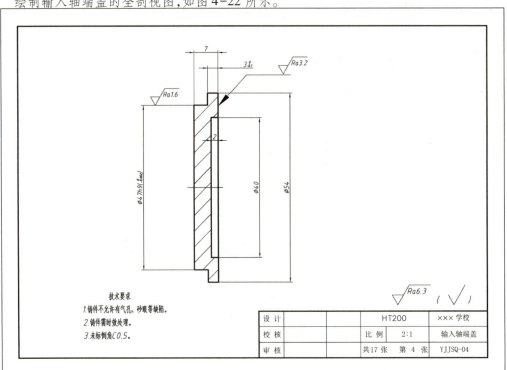

图 4-22　输入轴端盖零件图

▶任务评价

根据任务完成情况,如实填写表4-9。

表4-9　任务过程评价表

序　号	评价要点	配分	得分	总　评
1	绘图工具、资料、知识等准备充分	10		
2	能正确使用绘图仪器及各类工具	30		A(80分以上)　□
3	能正确、规范地绘制视图	30		B(70~79分)　□
4	信息化意识强,能熟练查阅所需资料	10		C(60~69分)　□
5	小组学习氛围浓厚,沟通协作好	10		D(59分以下)　□
6	具有文明规范绘图职业习惯	10		

▶任务小结

请小结完成本次任务过程中的优缺点,并提出改进计划,如实填写表4-10。

表4-10　任务小结表

完成事项	优　点	存在的问题	改进计划
任务准备			
任务练习			
其他			

项目五　零件图

▶ 项目目标

知识目标

1. 理解螺纹作图步骤；

2. 掌握不同类型螺纹的规定画法；

3. 了解键的结构特点和应用；

4. 掌握键的画法；

5. 了解中心孔的结构特点；

6. 掌握中心孔标注的含义；

7. 了解齿轮各部分名称；

8. 掌握齿轮画法；

9. 理解齿轮的计算方法和作图规定；

10. 了解零件图包含的内容；

11. 了解零件图尺寸与技术要求；

12. 了解识读零件图的过程；

13. 了解轴类零件的特点。

技能目标

1. 能读懂和绘制各类带螺纹零件图的螺纹部分；

2. 能读懂和绘制各类带键零件图的含键部分；

3. 能读懂和绘制各类含中心孔零件图的中心孔部分；

4. 能读懂和绘制各类带齿轮零件图的齿轮部分；

5. 能绘制简单的轴类零件图；

6. 能测量及标注轴类零件的尺寸及技术要求；

7. 能读懂和绘制简单的端盖类零件图；

8. 能测量及标注端盖类零件的尺寸及技术要求；

9. 能读懂和绘制简单的箱体类零件图；

10. 能测量及标注箱体类零件的尺寸及技术要求。

情感目标

1. 养成正确的绘图习惯；

2.激发学习兴趣,养成严谨的工作态度,精益求精;

3.培养好学向上、积极动手、团结协作、吃苦耐劳等良好品质;

4.培养7S职业素养。

▶项目描述

零件图是表示单个零件的图样,它是制造和检验零件的主要依据。学习零件图是进行加工制造的基础,也是后期学习装配调试的基础。

任务一　绘制轴套类零件图

▶任务描述

轴套类零件的基本形状是同轴回转体。轴上通常有键槽、螺纹、孔、退刀槽、倒圆等结构。此类零件主要是在车床上加工。

▶任务目标

1.了解键的结构特点和应用。

2.掌握键的画法。

3.了解中心孔的结构特点。

4.掌握中心孔标注的含义。

5.了解齿轮各部分的名称。

6.掌握齿轮画法。

7.理解齿轮的计算方法和作图规定。

8.了解零件图包含的内容。

9.了解零件图尺寸与技术要求。

10.了解识读零件图过程。

11.了解轴类零件特点。

▶任务准备

一、工具准备

小组讨论分工合作,完成任务表5-1的填写。

表5-1　任务表

准备名称	准备内容	完成情况/负责人
绘图工具	绘图工具包、图板、丁字尺	
模型或挂图	线型图、机械图纸	
学习资料	任务书、教材	

二、知识准备

1. 键连接

1）键连接的作用和种类

键主要用于轴和轴上的零件（如带轮、齿轮等）之间的连接，起着传递扭矩的作用。如图5-1所示，将键嵌入轴上的键槽中，再将带有键槽的齿轮装在轴上，当轴转动时，因为键的存在，齿轮就与轴同步转动，达到传递动力的目的。键的种类很多，常用的有普通平键、半圆键和钩头楔键三种。

图5-1　键连接

2）普通平键的种类

普通平键根据其头部结构的不同可以分为圆头普通平键（A型）、平头普通平键（B型）和单圆头普通平键（C型）三种形式，如图5-2所示。

(a)A型　　　　　　(b)B型　　　　　　(c)C型

图5-2　普通平键的形式

3）普通平键的连接画法

轴和轮毂上的键槽的表达方法及尺寸如图5-3所示。在装配图上，普通平键的连接画法如图5-4所示。

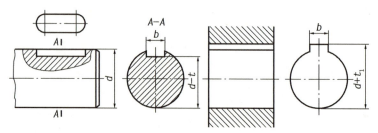

图5-3　轴和轮毂上的键槽

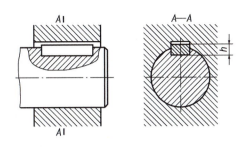

图 5-4　普通平键的连接画法

2. 中心孔

1）中心孔的形式

中心孔通常为标准结构要素,GB/T145—2001 规定了 R 型、A 型、B 型和 C 型四种中心孔形式,如图 5-5 所示。

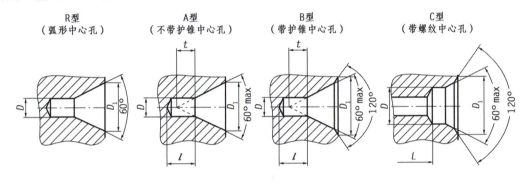

图 5-5　中心孔的形式

2）中心孔符号

为了在完工的零件上表达是否保留中心孔的要求,标准规定采用表 5-2 中的符号。

表 5-2　中心孔符号

符　号	表示法示例	说　明
	GB/T4459.5—B2.5/8	采用 B 型中心孔 $D=2.5$ mm,$D_1=8$ mm 在完工的零件上要求保留
	GB/T4459.5—A4/8.5	采用 A 型中心孔 $D=4$ mm,$D_1=8.5$ mm 在完工的零件上是否保留都可以
	GB/T4459.5—A1.6/3.35	采用 A 型中心孔 $D=1.6$ mm,$D_1=3.35$ mm 在完工的零件上不允许保留

3. 齿轮

1) 单个齿轮的画法

单个齿轮的画法如图5-6所示。

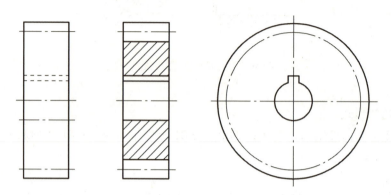

图5-6　单个齿轮画法

2) 一对齿轮啮合的画法

一对齿轮啮合的画法如图5-7所示。

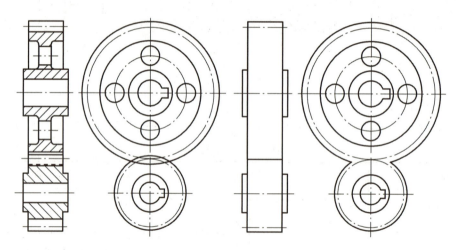

图5-7　一对齿轮啮合的画法

4. 轴类零件

轴类零件主要结构形状是回转体，一般只画一个主视图。确定了主视图后，由于轴上的各段形体的直径尺寸在其数字前加注符号"φ"表示，因此不必画出其左（或右）视图。对于零件上的键槽、孔等结构，一般可采用局部视图、局部剖视图、移出断面和局部放大图，如图5-8所示。

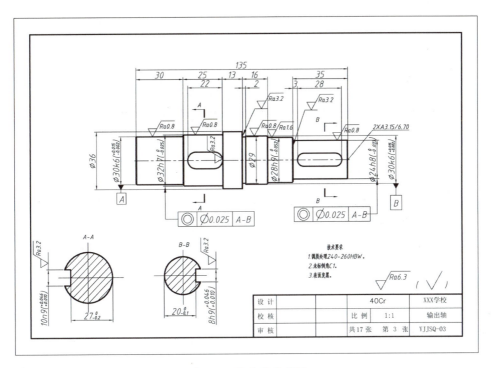

图 5-8 输出轴零件图

▶任务练习

绘制齿轮轴零件,具体如图 5-9 所示。

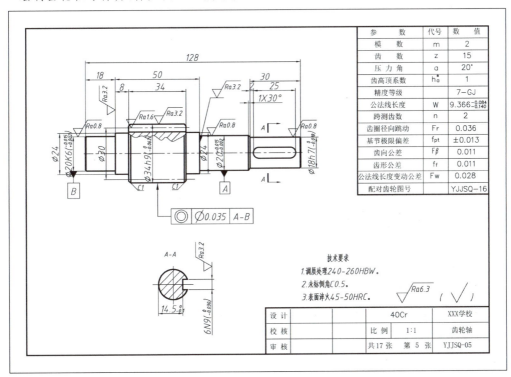

参 数	代号	数 值
模 数	m	2
齿 数	z	15
压 力 角	α	20°
齿高顶系数	h_a^*	1
精度等级		7-GJ
公法线长度	W	$9.366_{-0.140}^{-0.084}$
跨测齿数	n	2
齿圈径向跳动	Fr	0.036
基节极限偏差	fpt	±0.013
齿向公差	Fβ	0.011
齿形公差	ff	0.011
公法线长度变动公差	Fw	0.028
配对齿轮图号		YJJSQ-16

图 5-9 齿轮轴零件图

69

▶任务评价

根据任务完成情况，如实填写表5-3。

表5-3　任务过程评价表

序　号	评价要点	配分	得分	总　评
1	绘图工具、资料、知识等准备充分	10		
2	能正确使用绘图仪器及各类工具	30		A(80分以上)　☐
3	能正确、规范地绘制轴类零件图	30		B(70~79分)　☐
4	信息化意识强，能熟练查阅所需资料	10		C(60~69分)　☐
5	小组学习氛围浓厚，沟通协作好	10		D(59分以下)　☐
6	具有文明规范绘图职业习惯	10		

▶任务小结

请小结完成本次任务过程中的优缺点，并提出改进计划，如实填写表5-4。

表5-4　任务小结表

完成事项	优　点	存在的问题	改进计划
任务准备			
任务练习			
其他			

任务二　绘制轮盘类零件图

▶任务描述

轮盘类零件包括端盖、阀盖、齿轮等，这类零件的基本形体一般为回转体或其他几何形状的扁平盘状体，通常还带有各种形状的凸缘、均布的圆孔和肋等局部结构。

▶任务目标

1. 理解螺纹作图步骤。

2. 掌握不同类型螺纹的规定画法。

3. 了解零件图包含的内容。

4. 了解零件图尺寸与技术要求。

5. 了解识读零件图的过程。

6.了解端盖类零件的特点。

▶**任务准备**

一、工具准备

小组讨论分工合作,完成任务表5-5的填写。

表5-5　任务表

准备名称	准备内容	完成情况/负责人
绘图工具	绘图工具包、图板、丁字尺	
模型或挂图	机械图纸	
学习资料	任务书、教材	

二、知识准备

1.螺纹

1)螺纹的基本要素

螺纹的基本要素包括牙型、直径(大径、小径、中径)、螺距、导程、线数、旋向。

2)螺纹的规定画法

(1)外螺纹的画法

外螺纹的大径用粗实线表示,小径用细实线表示。螺纹小径按大径的0.85倍绘制。在不反映圆的视图中,小径的细实线应画入倒角内,螺纹终止线用粗实线表示,如图5-10(a)所示。当需要表示螺纹收尾时,螺纹尾部的小径用与轴线成30°的细实线绘制,如图5-10(b)所示。在反映圆的视图中,表示小径的细实线圆只画约3/4圈,螺杆端面上的倒角圆省略不画,如图5-10(a)、(b)、(c)所示。剖视图中的螺纹终止线和剖面线画法如图5-10(c)所示。

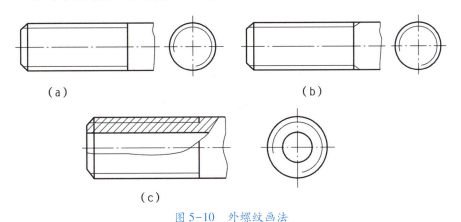

（a）　　　　　　　　　　（b）

（c）

图5-10　外螺纹画法

(2)内螺纹的画法

内螺纹通常采用剖视图表达,在不反映圆的视图中,大径用细实线表示,小径和螺纹终止线用粗实线表示,且小径取大径的0.85倍。注意剖面线应画到粗实线;若是盲孔,终止线到孔的末端的距离可按0.5倍大径绘制;在反映圆的视图中,大径用约3/4圈的细实线圆弧

绘制,孔口倒角圆不画,如图5-11(a)、(b)所示。当螺孔相交时,其相贯线的画法如图5-11(c)所示。当螺纹的投影不可见时,所有图线均画成细虚线,如图5-11(d)所示。

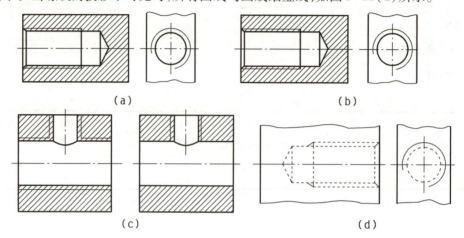

图5-11　内螺纹的画法

（3）内、外螺纹旋合的画法

只有当内、外螺纹的五项基本要素相同时,内、外螺纹才能进行连接。用剖视图表示螺纹连接时,旋合部分按外螺纹的画法绘制,未旋合部分按各自原有的画法绘制,如图5-12和图5-13所示。画图时必须注意:表示内、外螺纹大径的细实线和粗实线,以及表示内、外螺纹小径的粗实线和细实线应分别对齐;在剖切平面通过螺纹轴线的剖视图中,实心螺杆按不剖绘制。

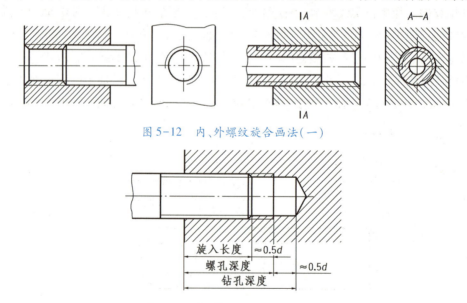

图5-12　内、外螺纹旋合画法(一)

图5-13　内、外螺纹旋合画法(二)

2. 轮盘类零件

轮盘类零件一般需要两个以上基本视图表达,除主视图外,有时候为了表示零件上均布的孔、槽、肋、轮辐等结构,还需选用一个端面视图(左视图或右视图),如图5-14所示。

一级减速器输出轴透盖、输入轴端盖、输入轴调整环、放油螺栓、挡油环、输入轴透盖、输出轴端盖、套筒、输出轴调整环、加油孔垫片、加油孔小盖、通气塞零件图如图5-15所示。

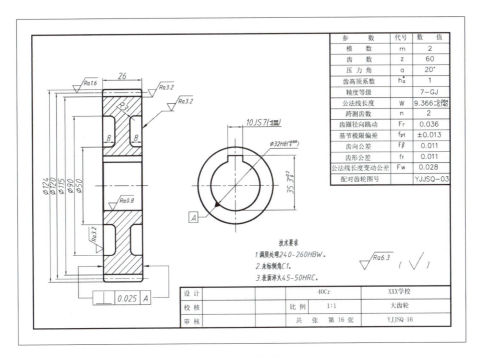

参　数	代号	数　值
模　数	m	2
齿　数	z	60
压力角	α	20°
齿高顶系数	h_a^*	1
精度等级		7-GJ
公法线长度	W	$9.366_{-0.140}^{-0.084}$
跨测齿数	n	2
齿圈径向跳动	Fr	0.036
基节极限偏差	fpt	±0.013
齿向公差	Fβ	0.011
齿形公差	ff	0.011
公法线长度变动公差	Fw	0.028
配对齿轮图号		YJJSQ-03

技术要求
1. 调质处理240-260HBW。
2. 未标倒角C1。
3. 表面淬火45-50HRC。

$\sqrt{Ra6.3}$ ($\sqrt{}$)

设　计		40Cr	XXX学校
校　核		比　例 1:1	大齿轮
审　核		共　张　第16张	YJJSQ-16

图5-14　大齿轮零件图

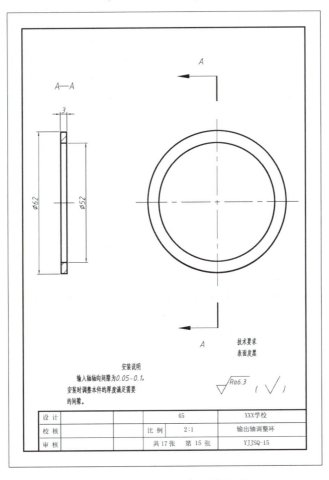

A—A

技术要求
表面发黑

$\sqrt{Ra6.3}$ ($\sqrt{}$)

安装说明
输入轴轴向间隙为0.05-0.1,
安装时调整本件的厚度满足需要
的间隙。

设　计		45	XXX学校
校　核		比　例 2:1	输出轴调整环
审　核		共17张　第15张	YJJSQ-15

图5-15　输出轴调整环零件图

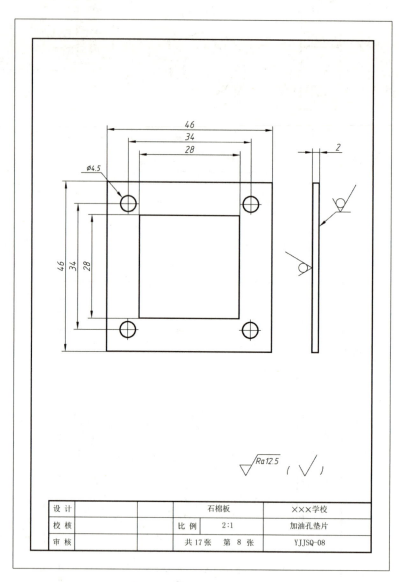

图 5-16　加油孔垫片零件图

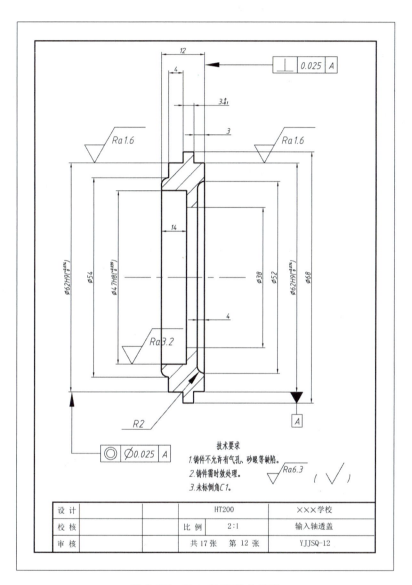

图 5-17　输入轴透盖零件图

设 计			HT200		×××学校
校 核			比 例	2:1	输入轴透盖
审 核			共 17 张　第 12 张		YJJSQ-12

技术要求
1.铸件不允许有气孔、砂眼等缺陷。
2.铸件需时效处理。
3.未标倒角C1.

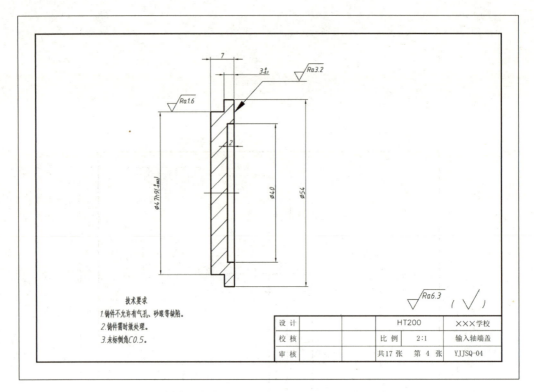

图 5-18　输入轴端盖零件图

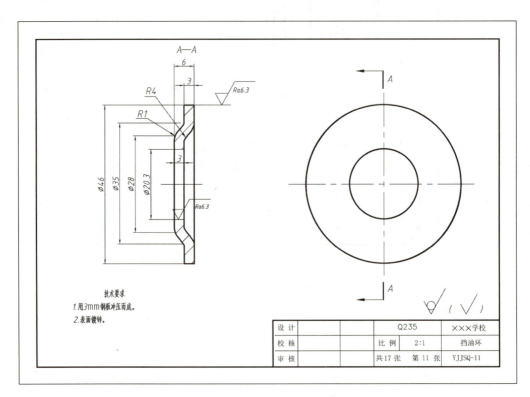

图 5-19　挡油环零件图

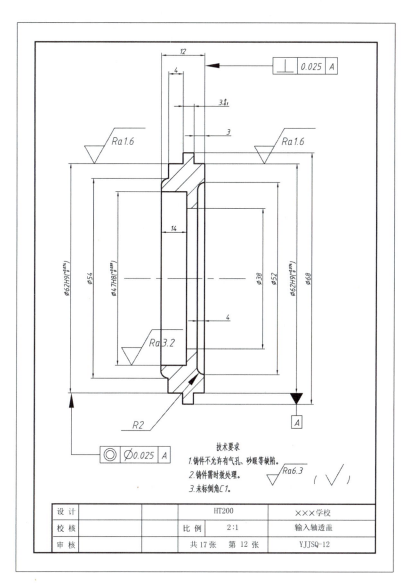

图 5-20　输入轴透盖零件图

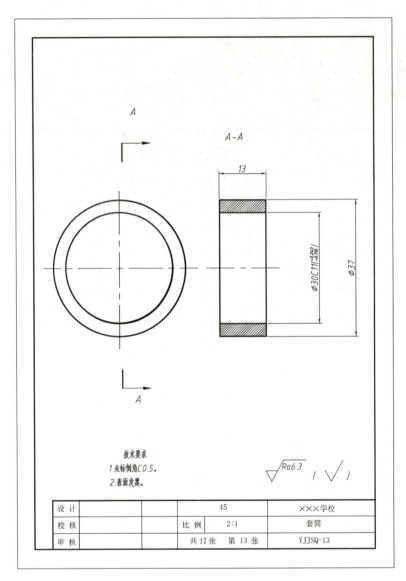

图 5-21 套筒零件图

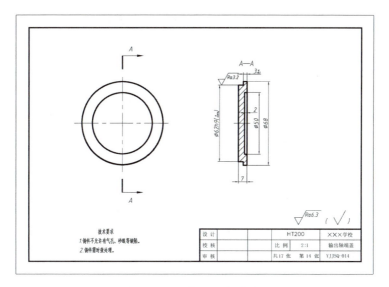

图 5-22　输出轴端盖零件图

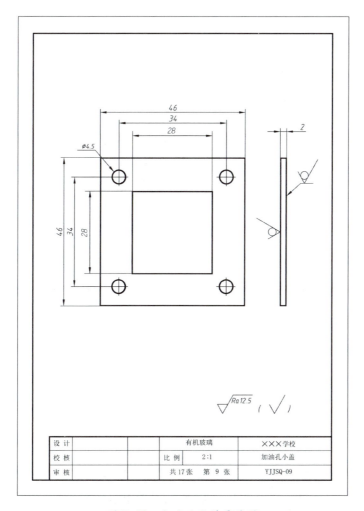

图 5-23　加油孔小盖零件图

▶任务练习

绘制大齿轮零件图,具体参见图5-14。

▶任务评价

根据任务完成情况,如实填写表5-6。

表5-6　任务过程评价表

序　号	评价要点	配分	得分	总　评
1	绘图工具、资料、知识等准备充分	10		A(80分以上)　□ B(70~79分)　□ C(60~69分)　□ D(59分以下)　□
2	能正确使用绘图仪器及各类工具	30		
3	能正确、规范地绘制轮盘类零件图	30		
4	信息化意识强,能熟练查阅所需资料	10		
5	小组学习氛围浓厚,沟通协作好	10		
6	具有文明规范绘图职业习惯	10		

▶任务小结

请小结完成本次任务过程中的优缺点,并提出改进计划,如实填写表5-7。

表5-7　任务小结表

完成事项	优　点	存在的问题	改进计划
任务准备			
任务练习			
其他			

任务三　绘制箱体类零件图

▶任务描述

箱体类零件主要有减速器箱体、阀体、泵体等零件,其作用是支持或包容其他零件,如图5-24所示。这类零件有复杂的内腔和外形结构,并带有轴承孔、凸台、肋板,此外还有安装孔、螺孔等结构。

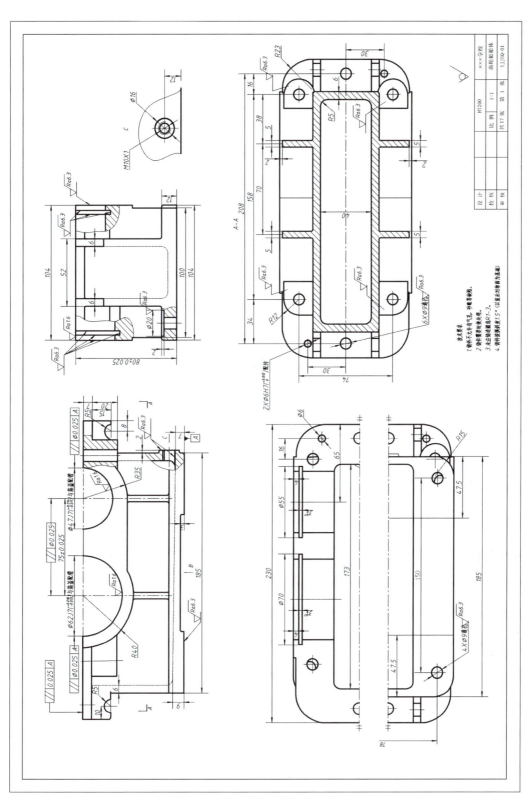

图5—24 齿轮箱体零件图

▶任务目标

1. 了解零件图包含的内容。

2. 了解零件图尺寸与技术要求。

3. 了解识读零件图的过程。

4. 了解箱体类零件的特点。

▶任务准备

一、工具准备

小组讨论分工合作,完成任务表5-8的填写。

表5-8　任务表

准备名称	准备内容	完成情况/负责人
绘图工具	绘图工具包、图板、丁字尺	
模型或挂图	机械图纸	
学习资料	任务书、教材	

二、知识准备

箱体类零件

由于箱体类零件加工工序较多,加工位置多变,所以在选择主视图时,主要根据工作位置原则和形状特征原则来考虑,并采用局部剖或剖视,以重点反映其内部结构,如图5-25中的主视图所示。

▶任务练习

绘制齿轮箱体零件图,具体参见图5-25。

▶任务评价

根据任务完成情况,如实填写表5-9。

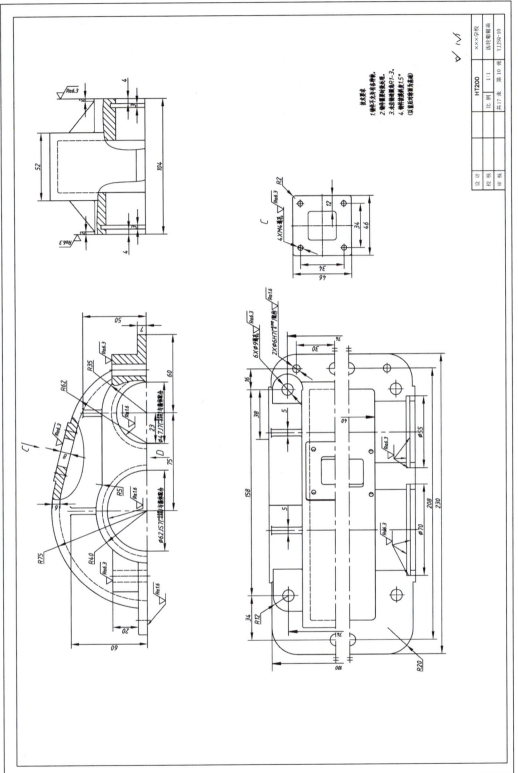

图5-25 齿轮箱箱盖零件图

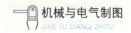
表5-9 任务过程评价表

序　号	评价要点	配分	得分	总　评
1	绘图工具、资料、知识等准备充分	10		A(80分以上) □ B(70~79分) □ C(60~69分) □ D(59分以下) □
2	能正确使用绘图仪器及各类工具	30		
3	能正确、规范地绘制箱体类零件图	30		
4	信息化意识强,能熟练查阅所需资料	10		
5	小组学习氛围浓厚,沟通协作好	10		
6	具有文明规范绘图职业习惯	10		

▶**任务小结**

请小结完成本次任务过程中的优缺点,并提出改进计划,如实填写表5-10。

表5-10 任务小结表

完成事项	优　点	存在问题	改进计划
任务准备			
任务练习			
其他			

项目六 装配图

▶ **项目目标**

知识目标

1. 了解一级减速器工作原理；

2. 了解一级减速器装配体的拆装步骤；

3. 掌握装配图包含的内容；

4. 掌握装配图的表达方法。

技能目标

1. 能通过查阅手册识读装配图；

2. 能抄绘一级减速器的装配图。

情感目标

1. 养成正确绘图的习惯；

2. 激发学习兴趣，养成严谨的工作态度，精益求精；

3. 培养好学向上、积极动手、团结协作、吃苦耐劳等良好品质；

4. 培养 7S 职业素养。

▶ **项目描述**

在产品或部件的设计过程中，一般是先设计出装配图，然后再根据装配图进行零件设计，画出零件图；在产品或部件的制造过程中，先根据零件图进行零件加工和检验，再按照依据装配图所制定的装配工艺规程将零件装配成机器或部件；在产品或部件的使用、维护及维修过程中，也经常要通过装配图来了解产品或部件的工作原理及构造。

任务一 绘制一级减速器装配图

▶ **任务描述**

在机械设计和机械制造的过程中，装配图是不可缺少的重要技术文件。它是表达机器或部件的工作原理，以及零件、部件间的装配、连接关系的技术图样。一级减速器装配图如图 6-1 所示。

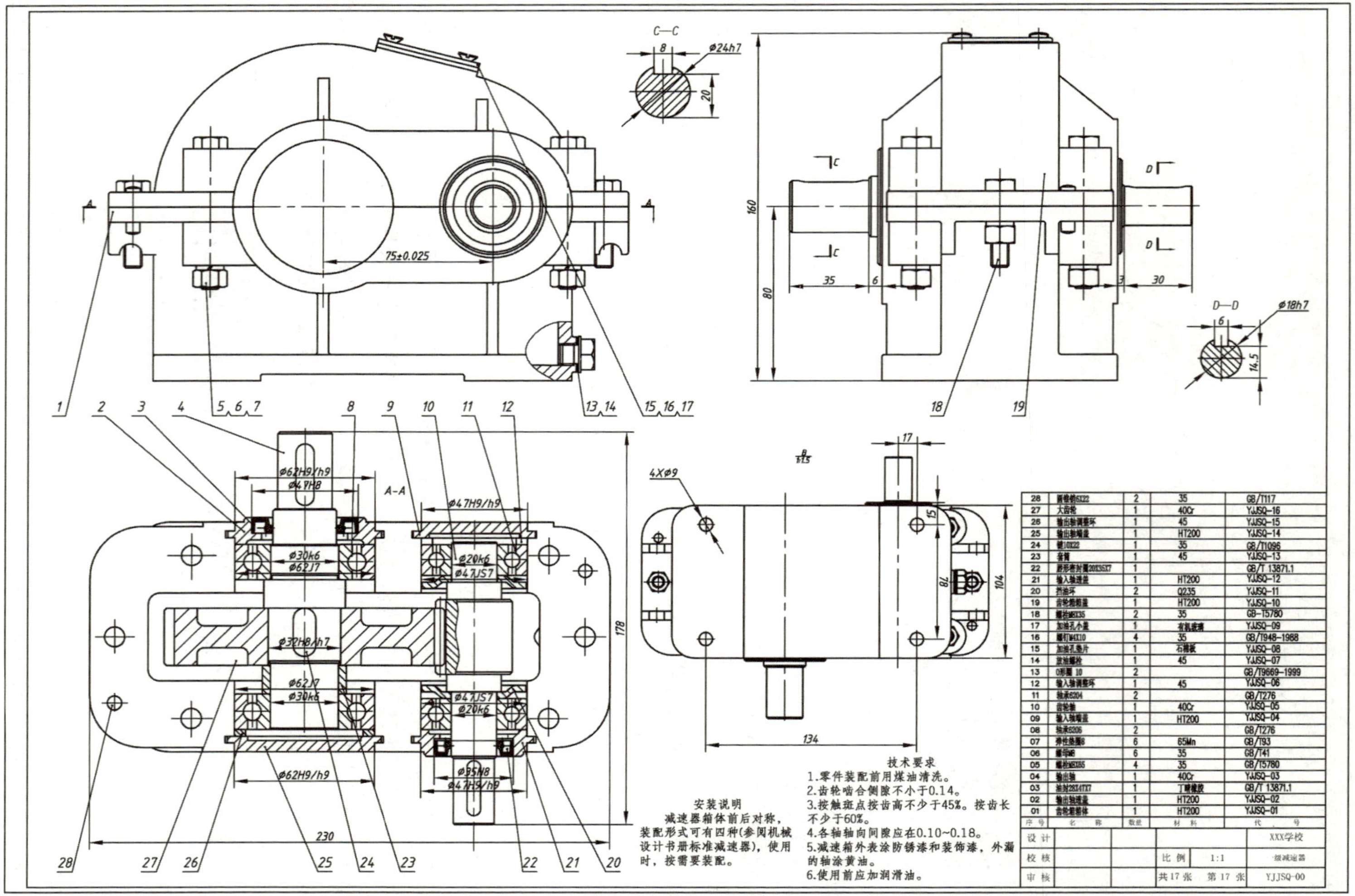

安装说明

减速器箱体前后对称，装配形式可有四种(参阅机械设计书册标准减速器)，使用时，按需要装配。

技术要求

1.零件装配前用煤油清洗。
2.齿轮啮合侧隙不小于0.14。
3.接触斑点按齿高不少于45%。按齿长不少于60%。
4.各轴轴向间隙应在0.10~0.18。
5.减速箱外表涂防锈漆和装饰漆，外漏的轴涂黄油。
6.使用前应加润滑油。

序号	名称	数量	材料	代号
28	圆锥销6X22	2	35	GB/T117
27	大齿轮	1	40Cr	YJJSQ-16
26	输出轴调整环	1	45	YJJSQ-15
25	输出轴端盖	1	HT200	YJJSQ-14
24	键10X22	1	35	GB/T1096
23	套筒	1	45	YJJSQ-13
22	唇形密封圈20X35X7	1		GB/T 13871.1
21	输入轴透盖	1	HT200	YJJSQ-12
20	挡油环	2	Q235	YJJSQ-11
19	齿轮箱箱盖	1	HT200	YJJSQ-10
18	螺栓M8X35	2	35	GB-T5780
17	加油孔小盖	1	有机玻璃	YJJSQ-09
16	螺钉M4X10	4	35	GB/T948-1988
15	加油孔垫片	1	石棉板	YJJSQ-08
14	放油螺栓	1	45	YJJSQ-07
13	O形圈 10	2		GB/T9669-1999
12	输入轴调整环	1	45	YJJSQ-06
11	轴承6204	2		GB/T276
10	齿轮轴	1	40Cr	YJJSQ-05
09	输入轴端盖	1	HT200	YJJSQ-04
08	轴承6206	2		GB/T276
07	弹性垫圈8	6	65Mn	GB/T93
06	螺母M8	6	35	GB/T41
05	螺栓M8X85	4	35	GB/T5780
04	输出轴	1	40Cr	YJJSQ-03
03	油封28X47X7	1	丁腈橡胶	GB/T 13871.1
02	输出轴透盖	1	HT200	YJJSQ-02
01	齿轮箱箱体	1	HT200	YJJSQ-01

设计				XXX学校
校核			比例 1:1	一级减速器
审核			共17张 第17张	YJJSQ-00

图6-1　一级减速器装配图

▶任务目标

1．了解一级减速器的工作原理。

2．了解一级减速器装配体的拆装步骤。

3．掌握装配图包含的内容。

4．掌握装配图的表达方法。

▶任务准备

一、工具准备

小组讨论分工合作，完成任务表6-1的填写。

表6-1　任务表

准备名称	准备内容	完成情况/负责人
绘图工具	绘图工具包、图板、丁字尺	
模型或挂图	线型图、机械图纸	
学习资料	任务书、教材	

二、知识准备

1．装配图的内容

一张完整的装配图应具备如下内容：

1）一组视图

根据产品或部件的具体结构，选用适当的表达方法，用一组视图正确、完整、清晰地表达产品或部件的工作原理、各组成零件间的相互位置和装配关系及主要零件的结构形状。

图6-1采用以下一组视图：俯视图采用 $A—A$ 剖视，主要表示一级减速器的工作原理和零件间的装配关系；主视图采用局部剖，主要表达放油处、油标处、通气塞处的形状和安装的情况；左视图主要表达一级减速器总体尺寸；断面图 $C—C$，$D—D$ 表达键槽和轴的情况；B 向视图采用 $1：1.5$ 缩小图表达一级减速器底部情况。

2）必要的尺寸

装配图中必须标注反映产品或部件的规格、外形、装配、安装所需的必要尺寸，另外，在设计过程中经过计算而确定的重要尺寸也必须标注。

如在图6-1所示的一级减速器装配图中所标注的 $70±0.025$，$\Phi32H8/f7$，134，80 等。

3）技术要求

在装配图中用文字或国家标准规定的符号注写出该装配体在装配、检验、使用等方面的要求，如图6-1所示。

4）零、部件序号、标题栏和明细栏

按国家标准规定的格式绘制标题栏和明细栏，并按一定格式将零、部件进行编号，填写标题栏和明细栏，如图6-1所示。

2.装配图的表达方法

装配图的侧重点是将装配体的结构、工作原理和零件间的装配关系正确、清晰地表示清楚。国家标准对装配图的画法做了一些规定。

1）零件间接触面、配合面的画法

相邻两个零件的接触面和基本尺寸相同的配合面，只画一条轮廓线，如图6-1所示。

友情提示：若相邻两个零件的基本尺寸不相同，则无论间隙大小，均要画成两条轮廓线。

2）装配图中剖面符号的画法

装配图中相邻两个金属零件的剖面线，必须以不同方向或不同的间隔画出，如图6-1所示。

友情提示：在装配图中，所有剖视、剖面图中同一零件的剖面线方向、间隔须完全一致。

在装配图中，对于紧固件及轴、球、手柄、键、连杆等实心零件，若沿纵向剖切且剖切平面通过其对称平面或轴线时，这些零件均按不剖绘制。如需表明零件的凹槽、键槽、销孔等结构，可用局部剖视表示。如图6-1中的轴、螺钉和键均按不剖绘制。为表示轴和齿轮、齿轮和齿轮间的连接关系，采用局部剖视。

3.一级减速器工作原理

直齿一级减速器转速比比较小，两轴相互平行。图6-2所示为其三维模型爆炸图。一级圆柱齿轮减速器是通过装在箱体内的一对啮合齿轮的转动，动力从一轴传至另一轴，实现减速的。如图6-1所示，由电动机（图中未画出）产生动力，通过键（图中未画出）和键槽传送到齿轮轴12，然后通过齿轮轴与大齿轮啮合（小齿轮带动大齿轮）传送到输出轴，从而实现减速的目的。由于传动比 $i=n_1/n_2=Z_2/Z_1$，则从动轴的转速 $n_2=z_1/z_2\times n_1$。

图6-2　一级减速器三维模型爆炸图

友情提示：

当 $i>1$ 时，为减速，也就是小齿轮带大齿轮，速度减小。

当 $i<1$ 时，为增速，为大齿轮带小齿轮，速度增加。

当 $i=1$ 时，速度不变，方向改变。

▶**任务练习**

绘制一级减速器装配图，具体参见图6-1。

▶**任务评价**

根据任务完成情况，如实填写表6-2。

表6-2　任务过程评价表

序　号	评价要点	配分	得分	总　评
1	绘图工具、资料、知识等准备充分	10		
2	能正确使用绘图仪器及各类工具	30		A(80分以上)　☐
3	能正确、规范地绘制一级减速器装配图	30		B(70～79分)　☐
4	信息化意识强，能熟练查阅所需资料	10		C(60～69分)　☐
5	小组学习氛围浓厚，沟通协作好	10		D(59分以下)　☐
6	具有文明规范的绘图职业习惯	10		

▶**任务小结**

请小结完成本次任务过程中的优缺点，并提出改进计划，如实填写表6-3。

表6-3　任务小结表

完成事项	优　点	存在的问题	改进计划
任务准备			
任务练习			
其他			

项目七　电动机控制电气原理图及接线图

▶项目目标

知识目标

1. 了解各种电气图形符号、字母符号；

2. 掌握常见电气图形符号的使用方法；

3. 掌握常见电气图形符号所表示的电气元器件；

4. 理解常见的电动机控制电气原理图所表示的电路意义；

5. 掌握绘制简单、常见的电动机控制电气原理图的方法；

6. 理解并正确识读常见的电动机控制电气原理图与接线图；

7. 掌握常见的电动机控制电气原理图与接线图的识读方法。

技能目标

1. 能正确使用绘图仪器及各类工具；

2. 能正确、规范地抄绘常见电动机控制电气原理图；

3. 能正确、规范地对电动机控制电气原理图进行字母等标注；

4. 能正确理解、掌握常见的电动机控制电气原理图所表示的电路意义；

5. 能按照国家标准的要求绘制简单、常见的电动机控制电气原理图与接线图。

6. 能按照国家标准的要求识读简单、常见的电动机控制电气原理图与接线图。

情感目标

1. 养成正确使用绘图工具的习惯；

2. 具有安全意识；

3. 激发学习兴趣，养成严谨的工作态度，精益求精。

4. 培养好学向上、积极动手、团结协作、吃苦耐劳等良好品质。

5. 培养7S职业素养。

▶项目描述

电气图主要包括电气原理图、电器布置图、电气安装接线图等。电气原理图是表明设备电气的工作原理及各电器元件的作用和相互关系的一种表示方式。运用电气原理图的方法和技巧，对分析电气线路、排除电路故障、进行程序编写等都是十分有益的。电气原理图一一般由主电路、控制电路、保护电路、照明电路等几部分组成。电气原理图的作用是便于阅读和分析控制线路，其结构简单、层次分明清晰，采用电器元件的图形符号和字母符号等形式绘制。它包括所有电器元件的导电部件和接线端子，主要用于研究和分析电路工作原理，但并不按照电器元件的实际布置位置来绘制，也不反映电器元件的实际大小。电气布置安装图主要用来表明各种电气设备在机械设备上和电气控制柜中的实际安装位置，为机械电气在控制设备的制造、安装、维护、维修提供必要的资料。电气安装接线图是为装置、设备或成套装置的布线提供各个安装接线图项目之间电气连接的详细信息，包括连接关系、线缆种类和敷设线路。

本项目将重点以电动机正转反转控制的电气原理图与接线图为例，学习电动机控制的电气原理图与接线图。

任务一　绘制并识读电动机正反转控制电路

▶任务描述

电动机控制电路主要依靠启停按钮、交流接触器、时间继电器、热继电器等控制部件来控制电动机，进而实现对电动机的降压启动控制、联锁控制、点动控制、连续控制、正反转控制、间歇控制、调速控制、制动控制等。本任务以电动机正反转控制电路为例来识读并绘制电动机控制电路。

电动机正反转控制电路是通过交流接触器 KM1、KM2 控制电动机实现正反转。当交流接触器 KM1 接通时，电动机的三相电相序为 L3、L2、L1，电动机正转；当交流接触器 KM2 接通时，电动机的三相电相序为 L1、L2、L3，电动机反转。按下正转启动按钮 SB2 后，交流接触器 KM1 线圈得电，触点动作，电动机正向运转；按下停止按钮 SB1，电动机即可停止正转。按下反转启动按钮 SB3 后，反转交流接触器 KM2 线圈得电，触点动作，电动机反向运转。电动机正反转控制电路图如图 7-1 所示。

▶任务目标

1. 能初步了解电气原理图各电气设备、器件的图形画法。
2. 能理解电气原理图的图形符号、文字符号所表示的意义。
3. 能认识常见电气原理图中的相关电气符号的名称并熟悉其所对应的电气元器件。
4. 能理解并掌握绘制电气原理图的方法和步骤，特别是电动机正反转控制电气原理图的方法和步骤。
5. 能快速绘制并识读常见的电动机控制电气原理图。

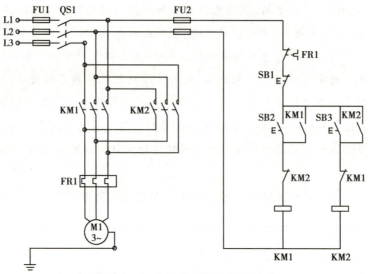

图 7-1 电动机正反转控制电路图

▶**任务准备**

一、工具准备

列出需要的绘图工具、模型或挂图、学习资料等相关准备,小组讨论分工合作,完成表 7-1 的填写。

表 7-1 任务表

准备名称	准备内容	完成情况/负责人
绘图工具		
模型或挂图		
学习资料		
其他		

二、知识准备

如图 7-2(a)所示,如何将电路的实物接线图画成电气图?

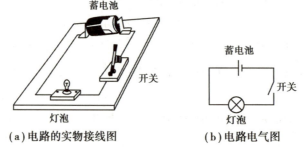

(a)电路的实物接线图   (b)电路电气图

图 7-2 实物接线图画成电气图

观察:左边为电路的实物接线图,右边为表示该实物接线图电路的电气图,是用表示电气元件的符号来画出的图形。

1.常见电气元件的图形符号

1)图形符号的基本定义

图形符号是指用于表示电气元器件或设备的简单图形、标记或字符。

图形符号包括符号要素、一般符号、限定符号和方框符号,在电气图中实际运用的图形符号通常由符号要素、一般符号、限定符号等按照一定的组合方式构成。

2)常见电气元件的名称及图形符号——国家新标准符号(GB4728)(表7-2)

表7-2　常见电气元件的名称及图形符号

名称	图形符号	名称	图形符号
直流电	—	接触器动断触点	
交流电	∼	三级开关(单线表示)	
交直流电	≃	三级开关(多线表示)	
正极	+	断路器	
负极	−	三极断路器	
继电器、接触器、磁力启动器线圈		热继电器的驱动器件	
直流电流表	Ⓐ	三相鼠笼型异步电动机	
交流电压表	Ⓥ	串励直流电动机	
按钮开关(动断按钮)	E-﹁	并励直流电动机	
按钮开关(动合按钮)	E-﹁	三相绕线型异步电动机	
手动开关一般符号		双绕组变压器	
位置开关和限位开关的动断触点		铁芯	—

续表

位置开关和限位 开关的动合触点		星形-三角形连接的 三相变压器	
继电器动断触点		电阻器的一般符号	
继电器动合触点		可变电阻器	
开关一般符号(动合)		电容器的一般符号	
开关一般符号(动断)		半导体二极管一般符号	
液位开关(常开触点)		发光二极管	
热敏开关动合触点注: 可用动作温度 t 代替		NPN 型半导体管	
热继电器动断触点		PNP 型半导体管	
接触器动合触点		桥式全波整流器	

2. 文字符号

文字符号是用来表示和说明电气设备、装置、元器件的名称、功能、状态和特征的字符代码。文字符号可为电气技术中的项目代号提供电气设备、装置和元器件种类字母代码和功能字母代码,也可作为限定符号与一般图形符号组合使用,以派生出新的图形符号。另外,还可以在技术文件或电气设备中表示电气设备及电路的功能、状态和特征。

电气技术的文字符号可分为基本文字符号、辅助文字符号和特殊用途文字符号三大类。

1)基本文字符号

基本文字符号主要表示电气设备、装置和元器件的种类,分为单字母符号与双字母符号。在单字母符号表示方法中,用拉丁字母将各种电气设备、装置和元器件划分为 20 多类,每一大类用一个大写字母表示,如用"A"表示组件和控件;用"S"表示控制电路的开关;用"K"表示继电器、接触器等。电气技术中常用的单字母符号见表 7-3。

表 7-3　国家标准中的单字母符号

符号	设备或装置类别	设备或装置名称
A	组件、部件	激光器、微波发射器、印制电路板、调节器、集成电路放大器等
B	变换器	热电传感器、热电池、光电池、测功计、晶体换能器等
C	电容器	—

符号	设备或装置类别	设备或装置名称
D	存储器件、门电路等	磁芯存储器、寄存器、磁带记录机、盘式记录机、与门、与非门等
E	杂项	光器件、热器件、本表中其他地方未提及的元器件
F	保护器件	熔断器、避雷器、过电压放电器件
G	发电机电源	旋转发电机、旋转变频机、电池、振荡器、石英晶体振荡器
H	信号器件	光指示器、声响指示器、指示灯
K	继电器、接触器	—
L	电感器、电抗器	感应线圈、线路陷波器、电抗器(并联和串联)
M	电动机	—
N	模拟元件	运算放大器
P	测量设备、试验设备	指示、记录、计算、测量设备、信号发生器、时钟
Q	电力电路的开关	断路器、隔离开关
R	电阻器	电位器、变阻器、可变电阻器、热敏电阻、测量分流器
S	控制电路的开关	控制开关、按钮、选择开关、限制开关
T	变压器	电压互感器、电流互感器
U	调制器、变换器	解调器、变频器、编码器、逆变器、变流器、电报译码器等
V	电真空器件、半导体器件	电子管、气体放电管、晶体管、晶闸管、二极管
W	绕组传输通道、波导、天线	励磁绕组、转子绕组、导线、电缆、母线、偶极天线、抛物面天线
X	端子、插头、插座	插头、插座、端子板、连接片、电缆封端和接头测试插孔
Y	电气操作的机械装置	制动器、离合器、气阀等
Z	终端设备、滤波器均衡器、限幅器	电缆平衡网络,压缩扩展器、晶体滤波器、网络

　　双字母符号是由一个表示种类的单字母符号与另一个表示同一类电气设备、装置或元器件的不同用途、功能、状态和特征的字母组成。双字母符号的组合方式为种类字母(单字母)在前,另一个字母(通常用该类设备、装置或元器件的英文名称的第一个字母)在后。如"T"表示变压器类,则"TA"表示电流互感器,"TV"表示电压互感器,"TM"表示电力变压器等。电气技术中常用的双字母符号见表7-4。

表 7-4　国家标准中的双字母符号

类别	设备或装置名称	双字母符号	类别	设备或装置名称	双字母符号
A	电桥	AB	M	同步电动机	MS
	晶体管放大器	AD		调速电动机	MA
	集成电路放大器	AJ		笼型电动机	MC
	磁放大器	AM	P	电流表	PA
	电子管放大器	AV		（脉冲）计数器	PC
	印制电路板	AP		电能表	PJ
B	压力变换器	BP		记录仪器	PS
	位置变换器	BQ		电压表	PV
	旋转变换器（测速发电机）	BR		时钟、操作时间表	
	温度变换器	BT	Q	断路器	QF
	速度变换器	BV		隔离开关	QS
E	发热器件	EH		电动机保护开关	QM
	照明灯	EL	R	电位器	RP
	空气调节器	KV		测量分路表	RS
F	热继电器	FR		热敏电阻器	RT
	熔断器	FU		压敏电阻器	RV
	限压保护器件	FV	S	控制开关、选择开关	SA
G	同步发电机、发生器	GS		按钮开关	SB
	异步发电机	GA		压力传感器	SP
	蓄电池	GB		位置传感器、行程开关	SQ
	变频机	GF		转速传感器	SR
H	声光指示器	HA		温度传感器	ST
	光指示器、指示灯	HL	T	电流互感器	TA
K	瞬时接触继电器、交流继电器	KA		变压器	TC
	闭锁接触继电器、双稳态继电器	KL		电力变压器	TM
	接触器	KM		磁稳压器	TS
	极化继电器	KP		电压互感器	TV
	延时继电器	KT	V	电子管	VE
L	限流电抗器	LC		控制电路用电源的整流器	VC
	启动电抗器	LS	X	连接片	XB
	滤波电抗器	LF		测试插孔	XJ

续表

X			Y		
	插头	XP		电磁铁	YA
	插座	XS		电磁制动器	YB
	端子板	XT		电磁离合器	YC
				电磁吸盘	YH
				电动阀	YM
				电磁阀	YV

2）辅助文字符号

电气设备、装置与元器件的种类、功能、状态、位置和特征可用辅助文字符号表示，通常由表示功能、状态和特征的英文单词的前一两位字母构成，也可采用缩略语或约定俗成的习惯用法，一般不超过 3 位字母。例如，表示"启动"时采用"START"的前两位字母"ST"作为辅助文字符号，而表示"停止（STOP）"的辅助文字符号必须再加上一个字母，为"STP"。

辅助文字符号也可放在表示种类的单字母符号后面，组成双字母符号，如"GS"表示同步发电机，"YB"表示制动电磁铁等。为简化文字符号，若辅助文字符号由两个以上的字母组成，允许只采用其第一位字母进行组合，如"MS"表示同步电动机等。辅助文字符号还可以单独使用，如"ON"表示接通，"OFF"表示关闭，"N"表示交流电源的中性线。电气工程中的常用辅助文字符号见表 7-5。

表 7-5　常用辅助文字符号

名称	辅助文字符号	名称	辅助文字符号
交流	AC	高	H
直流	DC	主、中、中间线	M
黑	BK	左、限制、低	L
蓝	BL	右、记录、反	R
绿	GN	闭合	ON
红	RD	断开	OFF
白	WH	输入	IN
黄	YE	输出	OUT
保护接地	PE	启动	ST
中性线	N	停止	STP

3）特殊用途文字符号

在电气图中，一些特殊用途的接线端子、导线等通常采用一些专用的文字符号。例如，交流系统电源的第一相、第二相、第三相分别用文字符号 L1、L2、L3 表示；交流系统设备的第

一相、第二相、第三相分别用文字符号 U、V、W 表示；直流系统电源的正极、负极分别用文字符号 L+、L-表示；交流电、直流电分别用文字符号 AC、DC 表示；接地、保护接地、不接地保护分别用文字符号 E、PE、PU 表示等。

在电路图中，文字符号组合的一般形式为：

基本文字符号+辅助文字符号+数字序号

例如，KT1 表示电路中的第 1 个时间继电器，FU2 表示电路中的第 2 个熔断器，KM3 表示电路中的第 3 个交流接触器。

▶任务实施

简单电气图一般分为电源电路、主电路和控制电路三部分。

1. 绘制电动机正反转控制电路

（1）电源电路一般画成水平线，三相交流电源相序 L1、L2、L3 自上而下依次画出，若有中线 N 和保护地线 PE，则应依次画在相线之下。直流电源"+"端在上、"-"端在下画出，电源开关要水平画出，如图 7-3（a）所示。

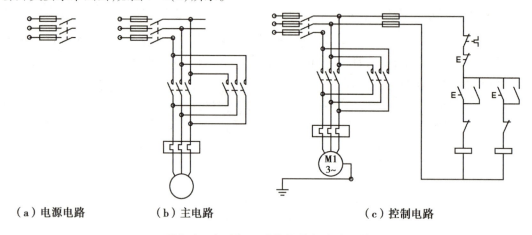

（a）电源电路　　　（b）主电路　　　　　　　（c）控制电路

图 7-3　电动机正反转控制电路的绘制

（2）主电路是指电源向负载提供电能的电路，它由主熔断器、接触器的主触头、热继电器的热元件以及电动机等组成，一般绘制于电路图的左侧，如图 7-3（b）所示。

（3）控制电路用于控制主电路工作状态，一般由按钮、旋钮、继电器等构成，垂直画于电路图的右侧，如图 7-3（c）所示。

（4）将电路图中的各个元器件进行标注，如图 7-4 所示。

2. 电动机正反转控制电路的常见图形符号及文字符号（见表 7-6）

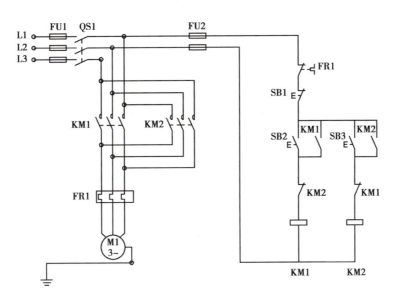

图7-4 电动机正反转控制电路的绘制及标注

表7-6 电动机正反转控制电路中涉及的图形符号及文字符号

序号	元器件名称	图形符号和文字符号	备注
1	隔离开关	QS	
2	熔断器	FU	
3	交流接触器	KM1	线圈
		KM1	主触点
		KM1	辅助触点常开
		KM1	辅助触点常闭
4	热继电器	FR	驱动主触点
		FR	常闭触点
5	三相交流电动机	M 3~	
6	停止按钮	SB1	
7	启动按钮	SB2	

3. 识读电动机正反转控制电路

1）电动机正转控制

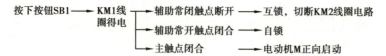

2）停止

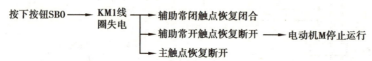

3）电动机反转控制

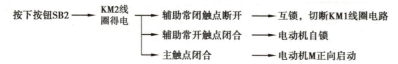

4）停止

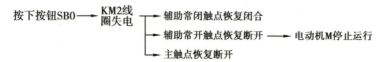

▶任务练习

1. 请指出图 7-5 所示电路图中的图形符号名称及所表示的电气元器件。

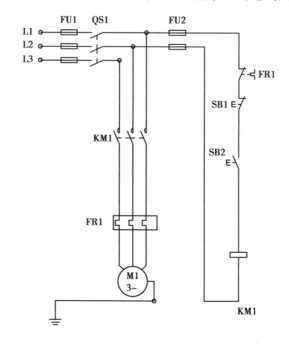

图 7-5　电路图（一）

2.请完成图7-6所示电路图的绘制与识读。

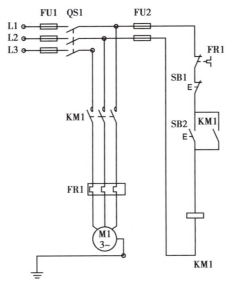

图7-6 电路图(二)

▶任务评价

根据任务完成情况,如实填写表7-7。

表7-7 任务过程评价表

序 号	评价要点	配分	得分	总 评
1	绘图工具、资料、知识等准备充分	10		A(80分以上) □
2	能正确绘制电动机控制电路图	20		B(70～79分) □
3	能正确、规范地进行文字符号标注	10		C(60～69分) □
4	能正确识别各图形符号所表示的元器件	20		D(59分以下) □
5	能正确、快速识读电动机控制电路	30		
6	具有团结协作、文明规范的职业习惯	10		

▶任务小结

请小结完成本次任务过程中的优缺点,并提出改进计划,填入表7-8。

表7-8 任务小结表

完成事项	优 点	存在的问题	改进计划
任务实施			
任务练习			
其他			

任务二　绘制与识读电动机正反转连接线图

▶任务描述

学会绘制与识读电气原理图是学会绘制与识读电路接线图的基础。而学会识读电路接线图又是进行实际电路接线的基础。反过来,对具体电路接线的实践又会促进识读电路接线图和识读电气原理图能力的提高。

为了学会绘制并识读电路接线图,并能亲自进行实际电路接线,从而提高识图能力,本任务将在学习绘制与识读电动机正反转控制的电气原理图基础上,介绍绘制并识读电动机正反转控制电路接线图的方法和步骤,分析电气原理图与电路接线图的密切关系,如图7-7所示。

▶任务目标

1.能初步了解电路接线图各电气设备、装置和控制器件的画法。

2.能理解电路接线图各电气设备、装置和控制器件位置的安排布局。

3.能理解并掌握识读电路接线图的方法和步骤。

4.能快速绘制并识读常见的电路接线图,并能根据电路接线图进行电路线路连接。

5.能准确、快速地绘制并识读电动机正反转控制电路接线图,并能根据电路接线图进行电动机正反转控制电路线路连接。

▶任务准备

一、工具准备

列出需要的绘图工具、电工线路安装工具、模型或挂图、学习资料等相关准备,小组讨论分工合作,完成表7-9的填写。

表7-9　任务表

准备名称	准备内容	完成情况/负责人
绘图工具		
电工线路安装工具		
模型或挂图		
学习资料		
其他		

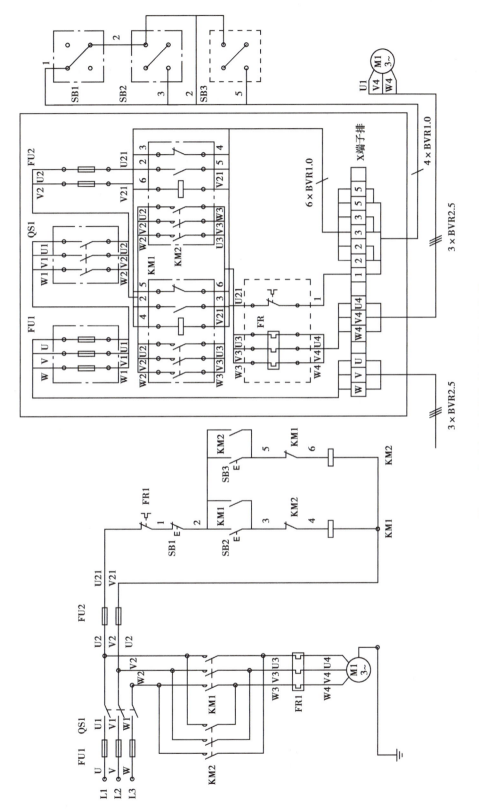

图7-7　电动机正反转控制电路图和接线图

二、知识准备

1. 识读电路接线图基本知识

电路接线图是依据相应的电气原理图而绘制的,电路接线后必须达到电气原理图所能实现的功能,这也是检验电路接线是否正确的唯一标准。

电路接线图与电气原理图在绘图上是有很大区别的。电气原理图以表明电气设备、装置和控制器件之间的相互控制关系为出发点,以明确分析出电路工作过程为目标。电路接线图以表明电气设备、装置和控制器件的具体接线为出发点,以接线方便、布线合理为目标。电路接线图必须标明每条线所接的具体位置,每条线都有具体明确的线号。每个电气设备、装置和控制器件都有明确的位置,通常将每个控制器件的不同部件都画在一起,并且用虚线框起来。如在电路接线图中,一个交流接触器是将其线圈、主触点、辅助常开触点、辅助常闭触点都绘制在一起并用虚线框起来;而在电气原理图中,对同一个控制器件的不同部件是根据其作用绘制于不同的位置,如交流接触器的线圈和辅助触点绘制于辅助电路中,而其主触点则绘制于主电路中。

1)电路接线图各电气设备、装置和控制器件的画法

电路接线图的电气设备、装置和控制器件都应按照国家规定的电气图形符号画出,而不考虑其真实结构。在绘制电路接线图时,必须遵循以下绘制原则和按具体规定绘制。

(1)电路中各器件位置及内部结构处理

电路接线图中每个电气设备、装置和控制器件是按照其所在配电盘中的真实位置绘制的,同一个控制器件集中绘制在一起,而且经常用虚线框起来。有的元器件用实线框图表示出来,其内部结构全部略去,而只画出外部接线,如半导体集成电路在电路图中只画出集成块和外部接线,而在实线框内标出它的型号。

(2)电路接线图中的每条线都应标有明确的标号

每根线的两端必须标同一个线号。电路接线图中串联元器件的导线线号标注有一定规律,即串联的元器件两边导线线号不同。由图 3-1 中带熔断器刀闸开关 QK 两边的导线可见,进入刀闸开关 QK 的三根导线线号分别为 W、V、U,而从刀闸开关接出的三根导线线号分别为 W1、V1、U1。

(3)电路接线图中同线号的导线的连接

电路接线图中,凡是标有同线号的导线可以连接在一起。如图 7-5 所示中的连接熔断器 FU2 和 FU3 的两根线和连接交流接触器 KM 主触点的两根线均为 V1 和 U1,则说明这四根线都是来自刀闸开关 QK 下端的 V1 和 U1 处;也就是说,从刀闸开关 V1 和 U1 处可各引出两根线分别接于熔断器 FU3 和 FU2 的进线端。

(4)电气器件的进线端与出线端的接法

电气器件接线的进线端接器件的上端接线柱,而出线端接器件的下端接线柱。

2）电路接线图中电气设备、装置和控制器件位置的安排

（1）出入线端子的位置

电源引入线端子和配电盘引出线端子通常都是安排在配电盘下方或左侧。

（2）控制开关的位置

配电盘总电源控制开关（刀闸开关或断路器）一般都是安排在配电盘上方位置（左上方或右上方）。

（3）熔断器的位置

配电盘有熔断器时，熔断器也是安装在配电盘的上方。

（4）开关的位置

电路中按钮开关、转换开关、旋转开关一般都是安装于容易操作的面板上，而不是安装于配电盘上。按钮开关、转换开关、旋转开关与配电盘上控制器件之间的连接线通常都通过端子连接。

（5）指示灯的位置

电路中的指示灯（信号灯）都是安装在容易观察的面板上。指示灯的连接线也是通过配电盘所设置的端子引出。

（6）交直流元器件的位置

电路中采用直流控制的元器件与采用交流控制的元器件应分开区域安装，以避免交流与直流连接线搞错。

3）配电盘（电器柜）导线布置方法

配电盘（电器柜）布局如图 7-8 所示。

配电盘（电器柜）导线布置（又称为布线）分为板前布线和板后布线两种。板前布线示意图如图 7-9 所示。

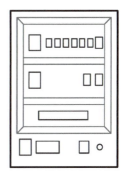

图 7-8　配电盘（电器柜）布局如图

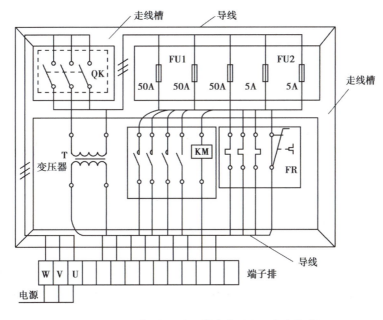

图 7-9　配电盘（电器柜）导线布置（又称为布线）

板前布线应遵循两个原则:其一,布线时一般将电源引入线与其他线分开布置,将直流线路与交流线路分开布置;其二,配电盘采取板前布线时,尽量做到走线美观,板前布线一般用走线槽布线的方式,有的也采取线龙走线方式。

2. 识读电路接线图的方法和步骤

识读电路接线图时,首先要读懂电气原理图,结合电气原理图看电路接线图是读懂电路接线图最好的方法。

下面介绍识读电路接线图的步骤和方法。

第一步,分析电气原理图中主电路和辅助电路所含有的元器件,了解每个元器件动作原理,了解辅助电路中控制器件之间的关系,明白辅助电路中有哪些控制器件与主电路有关系。

第二步,了解电气原理图和电路接线图中元器件的对应关系。在电气原理图中,元器件表示的电气符号与电路接线图中元器件表示的电气符号都是按照国家标准规定的图形符号绘制的,但是电气原理图是根据电路工作原理绘制,而电路接线图是按电路实际接线绘制,这就造成对同一个控制器件在两种图中绘制方法上可能有区别。例如交流接触器、中间继电器、热继电器及时间继电器等控制器件,在电气原理图中是将它们的线圈和触点画在不同位置(不同支路中),在电路接线图中是将同一个交流接触器或继电器的线圈和触点画在一起。如图 7-7 所示中的交流接触器 KM 的画法。

第三步,了解电路接线图中接线导线的根数和所用导线的具体规格。通过对电路接线图的仔细识读,可以得出所需导线的准确根数和所用导线的具体规格。在电路接线图中,每两个接线柱之间需要一根导线。如在图 7-7 所示电路接线图中,配电盘内部共有 14 根线,其中主电路导线 9 根,辅助电路导线 5 根。在电路接线图中应该标明导线的规格,如在图 7-12 所示电路接线图中连接电源与刀闸开关的导线截面积为 6 mm² 塑料软线,图中标注的 BVR6×3 表示 3 根截面积为 6 mm² 的塑料绝缘的软线。

在很多电路接线图中并不标明导线的具体型号规格,而是将电路中所有元器件和导线型号规格列入元器件明细表中。

如果电路接线图中没有标明导线的型号规格,而明细表中也没有注明导线的型号规格,这就需要接线人员选择导线(有关导线的选择另外说明)。

第四步,根据电路接线图中的线号研究主电路的线路走向。分析主电路的线路走向是从电源引入线开始,依次找出接主电路的用电设备所经过的电气器件。电源引入线规定用的文字符号 L1、L2、L3 或 U、V、W、N 表示三相交流电源的三根相线(火线)和零线(中性线)。如图 7-12 所示电路,电源到电动机 M 之间连接线要经过配电盘端子引入→QK 刀闸开关→交流接触器 KM 的主触点(三对主触点)→配电盘端子(W2、V2、U2)→电动机接线盒的接线柱。

第五步,根据线号研究辅助电路的线路走向。在实际电路接线过程中,主电路和辅助电路是分先后顺序接线的,这样做是为了避免主、辅电路线路混杂,另外主电路和辅助电路所用导线型号规格也不相同。

　　分析辅助电路的线路走向是从辅助电路电源引入端开始,依次研究每条支路的线路走向。如图7-7所示电路的辅助电路电源是从交流接触器两对主触点的一端接线柱引出的(标有V1和U1线的接线柱)。辅助电路线路走向是从U1→熔断器FU2→按钮开关SB→KM线圈→FU3熔断器→V1。

▶**任务实施**

1.绘制电动机正反转控制电路接线图

(1)先画出配电盘及各个器件的位置(布局)和经过处理的内部结构,如图7-10所示。

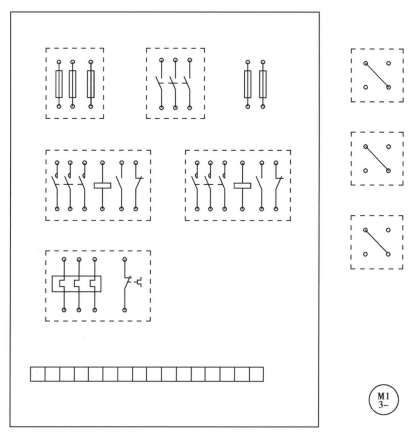

图7-10　元器件的位置(布局)图的绘制

(2)绘制主电路接线图,如图7-11所示。

(3)绘制控制电路接线图,如图7-12所示。

(4)给每个元器件位置处标上文字符号,给接线图的每条连接线标上明确的标号,如图7-13所示。

(5)检查、完善,如图7-14所示。

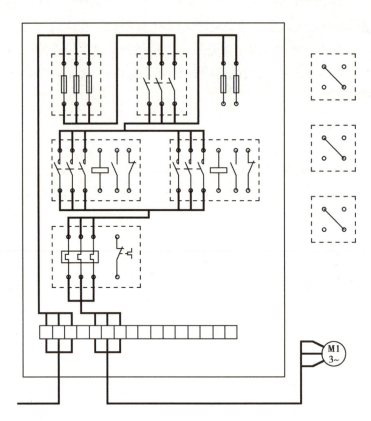

图 7-11　主电路接线图的绘制

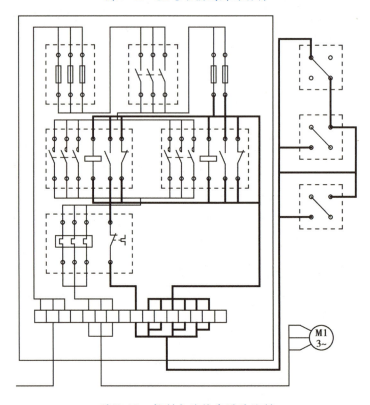

图 7-12　控制电路接线图的绘制

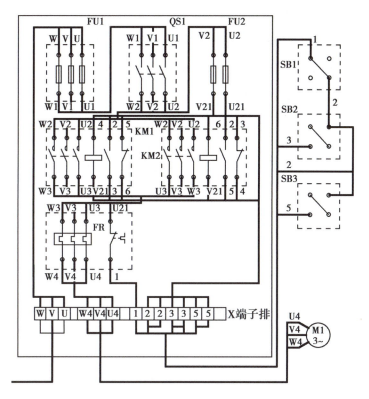

图 7-13　电机正反转电路接线图的绘制及标注

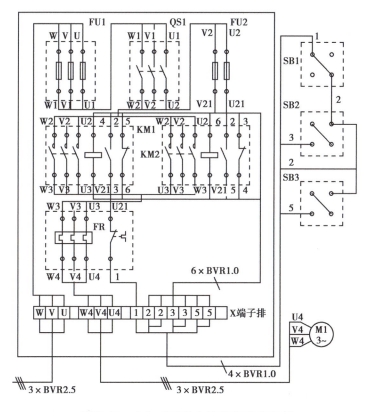

图 7-14　电机正反转电路接线图的绘制

2.电动机正反转控制电路接线图的常见器件图形结构及文字符号(见表7-10)

表7-10　电动机正反转控制电路接线图中涉及的图形符号及文字符号

序　号	元器件名称	图形结构和文字符号	备　注
1	隔离开关	QS	
2	熔断器	FU	三相熔断器 二相熔断器
3	交流接触器	KM	线圈 主触点 辅助触点常开 辅助触点常闭
4	热继电器	FR	驱动主触点 常闭触点
5	三相交流 电动机	M1 3~	
6	停止按钮	SB	接常闭触点
7	启动按钮	SB	接常开触点
8	接线端子排	X	

3.识读电动机正反转控制电路的接线图

在分析如图7-7所示的电路接线图时,应从电源引入端开始,对主电路接线和辅电路接线两部分分别进行分析。

1)电动机正转控制电路的接线图主电路的识读

电动机正转控制电路接线图主电路接线走向:电源 L1、L2、L3→X 端子排 U、V、W→FU1

（三相熔断器）→U1、V1、W1→QS1（隔离开关）→U2、V2、W2→KM1（交流接触器）→U3、V3、W3［或者→KM2（交流接触器）→W3、V3、U3，有两相换相］→FR（热继电器主触点）→U4、V4、W4→X 端子排 U4、V4、W4→M1（电动机）。

2）电动机正转控制电路的接线图辅助电路的识读

电动机正转控制电路接线图辅助电路接线走向：主电路电源的一根引出线从 QS1（隔离开关）→U2→FU2（二相熔断器之一）→U21→FR（热继电器常闭辅助触点）→"1"号线→X 端子排"1"→SB1 常闭→"2"号线→（①SB2 常开，②X 端子排"2"，③SB3 常开，④X 端子排"2"。）→（①SB2 常开→"3"号线→X 端子排"3"两处→KM2（交流接触器辅助常闭触点进）［→KM1（交流接触器辅助常开触点出）］→"4"号线→KM1（交流接触器线圈进）；②X 端子排"2"→KM1（交流接触器辅助常开触点进），③SB3 常开→"5"号线→X 端子排"5"两处→KM1（交流接触器辅助常闭触点进）［→KM2（交流接触器辅助常开触点出）］→"6"号线→KM1（交流接触器线圈进），④X 端子排"2"→KM2（交流接触器辅助常开触点进）。）→KM1（交流接触器线圈出）［或者→KM2（交流接触器线圈出）］→V21→回到 FU2（二相熔断器的另一相）。

▶**任务练习**

1. 请完成下列电气原理图与部分接线图的绘制，识读电气原理图。

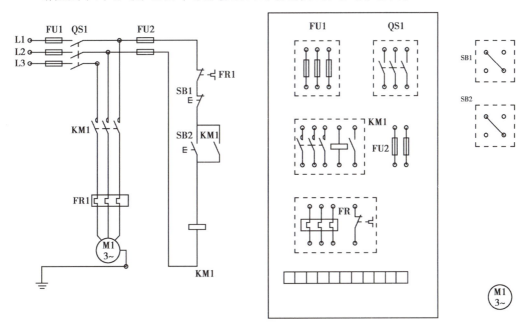

图 7-15 电气原理图与部分接线图

2. 请完成第 1 题电气原理图中线号的标注，完成接线图的线路连接，并在完成的接线图中准确标出各连接线的线号。

3. 根据第 1 题电气原理图及第 2 题接线图，完成线路安装。

▶**任务评价**

根据任务完成情况,如实填写表7-11。

表7-11　任务过程评价表

序　号	评价要点	配分	得分	总　评
1	绘图工具、资料、知识等准备充分	10		A(80分以上)　□ B(70~79分)　□ C(60~69分)　□ D(59分以下)　□
2	能正确识别各图形符号所表示元器件	10		
3	能正确、快速识读电动机控制电路	10		
4	能正确绘制电动机控制电路接线图	30		
5	能正确、规范地进行文字符号、线号的标注	30		
6	具有团结协作、文明规范的职业习惯	10		

▶**任务小结**

请小结完成本次任务过程中的优缺点,并提出改进计划,计入表7-12。

表7-12　任务小结表

完成事项	优　点	存在的问题	改进计划
任务实施			
任务练习			
其他			

项目八　机床电气图及接线图

▶项目目标

知识目标

1. 熟悉各种电气图形符号、字母符号；
2. 掌握常见电气图形符号的使用方法；
3. 掌握常见电气图形符号所表示的电气元器件；
4. 理解常见的电气图所表示的电路意义；
5. 掌握绘制简单、常见的机床电气原理图的方法；
6. 理解并正确识读常见的机床电气原理图；
7. 掌握绘制简单、常见的机床电路接线图的方法；
8. 掌握常见的机床电路接线图的识读方法。

技能目标

1. 能正确使用绘图仪器及各类工具；
2. 能正确、规范地抄绘常见机床电气原理图；
3. 能正确、规范地对机床电气原理图进行字母、线号等标注；
4. 能正确理解、掌握常见的机床电气原理图各电路所表示的意义；
5. 能按照国家标准的要求绘制简单、常见的机床电气的原理图和接线图；
6. 能正确、熟练识读机床电气原理图和接线图，并初步进行线路连接。

情感目标

1. 养成正确使用绘图工具的习惯；
2. 具有安全意识；
3. 激发学习兴趣，培养严谨的工作态度，精益求精。
4. 培养好学向上、积极动手、团结协作、吃苦耐劳等良好品质。
5. 培养7S职业素养。

▶项目描述

　　机床电气原理图与接线图是比较复杂的电路图。常见的机床包括普通车床、平面磨床、立式钻床等。在机床设备中，主电路一般含有3~4个电动机控制、使用电路。电动机的控制包括点动控制、自锁连续控制、自锁互锁控制、顺序控制等。

　　机床电气原理图与接线图是在电动机控制电气原理图与接线图的基础上继续深入学习

的内容,其电气原理图与接线图的绘制与识读步骤与电动机控制电气原理图与接线图的绘制与识读基本一致,但其内容更多,涉及的知识点更丰富。在学习机床电气原理图与接线图的绘制与识读内容时,要多注意细节,要耐心细致,要思路清晰;切不可急于求成,粗糙马虎。特别是在分析接线图时,更要厘清各个连接线的线号及各连接线的连接位置。

本项目将重点以常见的 CA6140 普通车床的电气原理图与接线图为例,学习机床的电气原理图与接线图,如图 8-1 和图 8-2 所示。

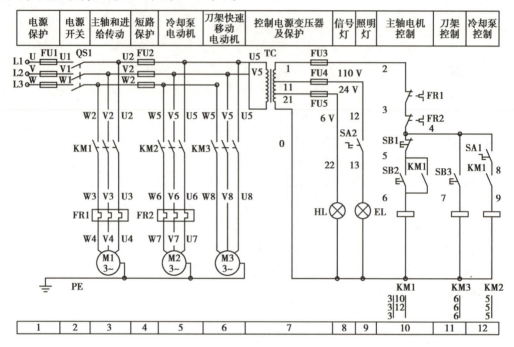

图 8-1　CA6140 普通车床的电气原理图

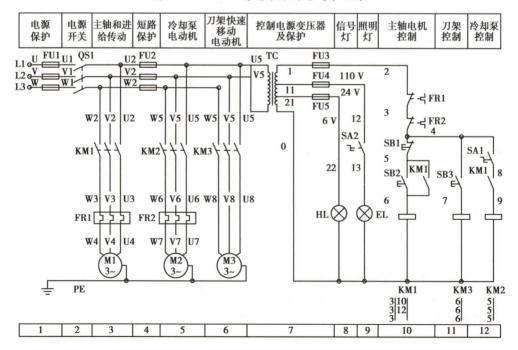

图 8-2　CA6140 普通车床的电气原理图(接线图)

任务一　绘制并识读机床电气原理图

▶任务描述

本任务将重点以常见的 CA6140 普通车床的电气原理图为例,学习机床的电气原理图。CA6140 普通车床中含有三个电动机,分别为:主轴电动机为自锁连续控制;提供冷却液的冷却电动机,与主轴电动机之间为顺序控制,主轴电动机启动后才可启动冷却电动机,停止主轴电动机时,冷却电动机一并停止;而刀架快速移动电机是控制刀架按需要进行快速移动及停止,为点动控制。

CA6140 普通车床的主电路是通过交流接触器 KM1、KM2、KM3 控制三个电动机,按下主轴启动按钮 SB2 后,交流接触器 KM1 接通并自锁,主轴电动机的启动,连续转动。在主轴电动机启动后,旋闭旋钮 SA1,交流接触器 KM2 才能接通,启动冷却电动机,持续为车削提供冷却液。按下停止按钮 SB1,主轴电动机和冷却电动机都停止。按下刀架快速移动按钮 SB3 后,交流接触器 KM3 线圈得电,触点闭合,刀架快速移动电动机启动,控制刀架快速移动;松开按钮 SB3 后,交流接触器 KM3 线圈失电,触点断开,刀架快速移动、电动机停止,控制刀架停止。这三个电动机的控制电路由变压器提供 110 V 的低压电源供电。另外,在隔离开关 QS1 闭合时,由变压器提供的 6 V 的低压电源给电源指示灯供电,电源指示灯亮,提示车床已经通电。旋闭旋钮 SA2,由变压器提供的 24 V 的低压电源给车床照明灯供电,照明亮,为车床加工等操作提供照明。

本任务以 CA6140 普通车床电气原理图为例,带领大家识读并绘制机床电气原理图,如图 8-1 所示。

▶任务目标

1. 能进一步了解电气原理图各电气设备、器件的图形画法。
2. 能理解并掌握电气原理图的图形符号、文字符号所表示的意义和电气元器件。
3. 能熟练认识常见电气原理图中的相关电气符号的名称并熟悉其所对应的电气元器件。
4. 能理解绘制电气原理图的方法和步骤。
5. 能掌握绘制机床电气原理图的方法和步骤,特别是绘制普通车床电气原理图的方法和步骤。
6. 能快速识读常见的机床电气原理图,特别是识读普通车床的电气原理图。

▶**任务准备**

一、工具准备

列出需要的绘图工具、模型或挂图、学习资料等相关准备,小组讨论分工合作,完成表 8-1 的填写。

表 8-1　任务表

准备名称	准备内容	完成情况/负责人
绘图工具		
模型或挂图		
学习资料		
其他		

二、知识准备

1. 机床电气原理的绘制

1)电气原理图的绘制原则

(1)电气原理图中的电气元件按未通电和没有受外力作用时的状态绘制。在不同的工作阶段,各个电器的动作不同,触点时闭时开。在电气原理图中只能表示出一种情况。因此,规定所有电器的触点均表示在原始情况下的位置,即在没有通电或没有发生机械动作时的位置。对接触器来说,是线圈未通电,触点未动作时的位置;对按钮来说,是手指未按下按钮时触点的位置;对热继电器来说,是常闭触点在未发生过载动作时的位置等。

(2)触点的绘制位置。使触点动作的外力方向必须是:当图形垂直放置时为从左到右,即垂线左侧的触点为常开触点,垂线右侧的触点为常闭触点;当图形水平放置时为从下到上,即水平线下方的触点为常开触点,水平线上方的触点为常闭触点。

(3)主电路、控制电路和辅助电路应分开绘制。主电路是设备的驱动电路,是从电源到电动机大电流通过的路径;控制电路是由接触器和继电器线圈、各种电器的触点组成的逻辑电路,实现所要求的控制功能;辅助电路包括信号指示、照明、保护电路等。

(4)动力电路的电源电路绘成水平线,受电的动力装置(电动机)及其保护电器支路应垂直于电源电路。

(5)主电路用垂直线绘制在图的左侧,控制电路用垂直线绘制在图的右侧,控制电路中的耗能元件画在电路的最下端。

(6)图中自左而右或自上而下表示操作顺序,并尽可能减少线条和避免线条交叉。

(7)图中有直接电联系的交叉导线的连接点(即导线交叉处)要用黑圆点表示。无直接电联系的交叉导线,交叉处不能画黑圆点。

（8）在原理图的上方将图分成若干图区，并标明该区电路的用途与作用；在继电器、接触器线圈下方列有触点表，以说明线圈和触点的从属关系。

图8-1就是根据上述原则绘制出的电气原理图。

2）电气原理图图面区域的划分

图面分区时，竖边从上到下用英文字母、横边从左到右用阿拉伯数字分别编号。分区代号用该区域的字母和数字表示。上方的图区横向编号是为了便于检索电气线路，方便阅读分析而设置的。图区横向编号的下方对应文字（有时对应文字也可排列在电气原理图的底部），表明了该区元件或电路的功能，以利于理解全电路的工作原理。

3）电气原理图符号位置的索引

在较复杂的电气原理图中，对继电器、接触器线圈的文字符号下方要标注其触点位置的索引；而在其触点的文字符号下方需标注其线圈位置的索引、符号位置的索引，用图号、页次和图区编号的组合索引法，如图8-1的图区10中，接触器KM1线圈下面的三个3表示KM1的三个主触点在图区3中控制主轴电机；有一个10和12，表示KM1的一个常开辅助触点在图区10中，用于自锁；另一个常开辅助触点在图区12中，用于对冷却电机的顺序控制。

对于由多张图纸组成的复杂电气原理图中，电气原理图符号位置的索引就显得更为重要。当与某一元件相关的各符号元素出现在不同图号的图样上，而每个图号仅有一页图样时，索引代号可以省去页次；当与某一元件相关的各符号元素出现在同一图号的图样上，而该图号有几张图样时，索引代号可省去图号。依此类推，当与某一元件相关的各符号元素出现在只有一张图样的不同图区时，索引代号只用图区号表示。

2. 机床电气原理的识读

1）机床电气原理的特点

机床电气原理图的主要特点是有几个电动机的运行与控制，有电源及运行指示，有照明，有辅助与保护等。

2）机床电气原理的识读

基于机床电气原理的特点，在识读机床电气原理图时，大致可以归纳为以下几点：

（1）必须熟悉图中各图形符号所表示的电器元器件和作用。

（2）识读主电路。应该了解主电路有哪些用电设备（如电动机、电炉等），以及这些设备的用途和工作特点；并根据工艺过程，了解各用电设备的控制器件以及它们之间的相互联系，所采用的保护方式等。在完全了解主电路的这些工作特点后，主电路也就清晰了，在弄懂主电路的基础上再进一步根据主电路的特点识读控制电路。

（3）识读控制电路。控制电路由各种控制元器件组成，主要用来控制主电路工作。在识读控制电路时，一般先根据主电路交流接触器主触点的文字符号，到控制电路中去找与之相应的交流接触器线圈，进一步弄清楚电机的控制方式（点动控制、连续自锁控制、顺序控制等）。这样可将整个电气原理图划分为若干部分，每一部分控制一台电动机。另外，控制电

路一般是依照生产工艺要求,按动作的先后顺序,自上而下从左到右、并联排列。因此,读图时也应当自上而下、从左到右,一个环节、一个环节地进行分析。

(4)对于机、电、液配合得比较紧密的生产机械,必须进一步了解有关机械传动和液压传动的情况,有时还要借助工作循环图和动作顺序表,配合电器动作来分析电路中的各种联锁关系,以便掌握其全部控制过程。

(5)识读信号指示、照明、监测、保护等各辅助电路环节。对于比较复杂的控制电路,可按照先简后繁、先易后难的原则,逐步解决。因为无论怎样复杂的控制线路,总是由许多简单的基本环节所组成。阅读时可将它们分解开来,先逐个分析各个基本环节,然后综合起来加以全面解决。

概括地说,识读机床电气原理图及其他电气原理图的方法可以归纳为:从机到电、先"主"后"控"、化整为零、连成系统。

▶**任务实施**

机床电气原理图仍然主要分为电源电路、主电路和控制电路三部分,控制电路还包括照明电路等。

1. 绘制 CA6140 普通车床电气原理图

(1)绘制电源电路与主电路,如图 8-3 所示。

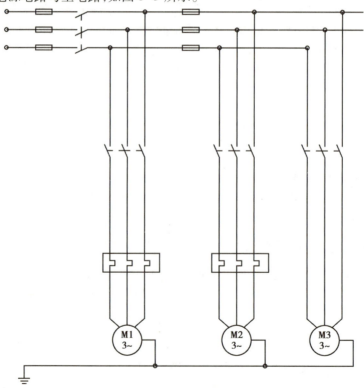

图 8-3 CA6140 普通车床的主电路

（2）绘制控制电路及照明电路，如图 8-4 所示。

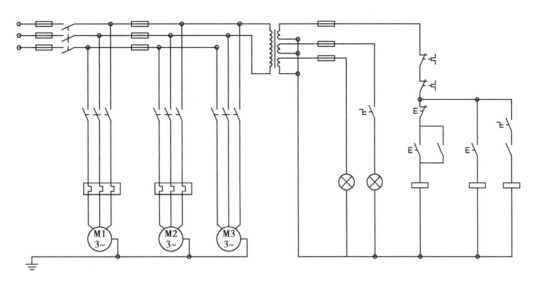

图 8-4　CA6140 普通车床的主电路、控制电路及照明电路

（3）将电路图中的各个元器件进行字母符号的标注，如图 8-5 所示。

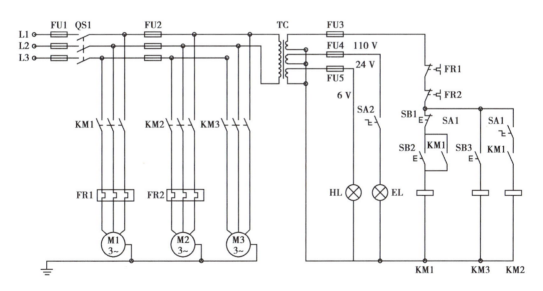

图 8-5　CA6140 普通车床电气原理图的标注

（4）对电气原理图进行分区，图面上方分区用文字注明该区域的元件或电路的功能，图面下方分区用阿拉伯数字从左到右进行编号。同时，在交流接触器等线圈下方注明交流接触器等触点的位置索引，如图 8-6 所示。

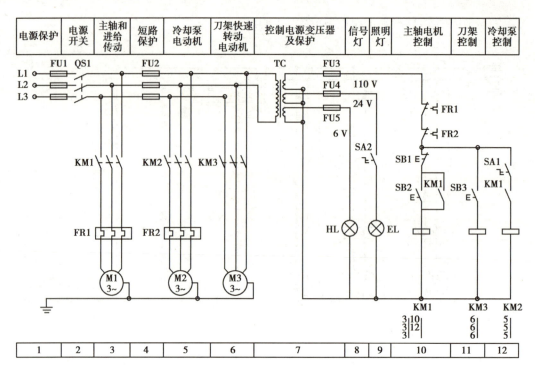

图 8-6　CA6140 普通车床的完整电气原理图

2. CA6140 普通车床电气原理图中的常见图形符号及文字符号（见表 8-2）

表 8-2　CA6140 普通车床电气原理图中的常见图形符号及文字符号

序　号	元器件名称	图形符号和文字符号	备　注
1	隔离开关	QS	
2	熔断器	FU	
3	交流接触器	KM1	线圈
		KM1	主触点
		KM1	辅助触点常开
		KM1	辅助触点常闭
4	热继电器	FR	驱动主触点
		FR	常闭触点

序　号	元器件名称	图形符号和文字符号	备　注
5	三相交流电动机	(M 3~)	
6	停止按钮	SB1 E-\	
7	启动按钮	SB2 E-\	
8	旋钮	SA1	
9	照明灯	⊗ EL	
10	指示灯	HL ⊗	
11	变压器	TC	
12	接地	⏚ PE	
13	KM1 触点符号位置的索引	3│10 3│12 3│	KM1 的三个主触点在图区 3 中,控制主轴电动机。一个辅助常开触点在图区 10 中,用于自锁;另一个辅助常开触点在图区 12 中,用于顺序控制。
14	KM3 触点符号位置的索引	6│ 6│ 6│	KM3 的三个主触点在图区 6 中,控制刀架快速移动电动机。
15	KM2 触点符号位置的索引	5│ 5│ 5│	KM2 的三个主触点在图区 5 中,控制冷却电动机。

3. 识读 CA6140 普通车床电气原理图

　　CA6140 型普通车床是常用的普通车床之一,M1 为主轴电动机,拖动主轴旋转,并通过进给机构实现车床的进给运动。M2 为冷却泵电动机,拖动冷却泵为车削工件时输送冷却液。M3 为刀架快速移动电动机,拖动刀架快速移动到需要的地方。下面将电路分作主电路、控制电路、照明与电源指示电路三大部分来分析。

1）主电路

电源由熔断器 FU1 经转换开关 QS1 引入。

因为主轴电动机 M1 为小于 10 kW 的小容量电动机，所以采用直接启动。由于 M1 的正反转由摩擦离合器改变传动链来实现，操作人员只需扳动正反转手柄即可完成主轴电动机的正反转。因此，在电路中仅仅通过接触器 KM1 的主触点来实现单方向旋转的启动、停止控制。M2 冷却泵电动机容量更小，大约只有 0.125 kW。因此，可由旋钮开关 SA1 控制交流接触器 KM2，但是 KM2 线圈必须在控制主轴电动机的交流接触器 KM1 得电后方可接通，具有顺序联锁关系。M3 快速移动电动机容量也小，大约只有 0.25 kW。M3 快速移动电动机的运转和停止由接触器 KM3 的三个常开主触点来控制，快速移动的方向通过装在溜板箱上的十字形手柄扳到所需要的方向来控制。

2）电路中的保护

熔断器 FU1 既为电源进线作短路保护，又为主轴电动机 M1 作短路保护。冷却泵电动机 M2 与快速移动电动机 M3 的容量都很小，共用熔断器 FU2 作短路保护。FU3、FU4、FU5 分别为控制电路、照明电路、电源指示电路作短路保护。因主轴电动机 M1、冷却泵电动机 M2 为长时运行电动机，分别接热继器 FR1 和 FR2 分别作 M1 与 M2 的过载保护，而快速移动电动机 M3 是点动短时工作，所以不需过载保护。

3）控制电路分析

控制电路采用 110 V 交流电压供电，该电压是由 380 V 电压经控制变压器 TC 降压而得，由 FU3 作短路保护。

（1）主轴电动机的控制：按下启动按钮 SB1，接触器 KM1 线圈通电，KM1 的线圈得电吸合，主电路上 KM1 的三个常开主触点闭合，主轴电动机 M1 启动运转。同时，KM1 的一个常开辅助触点也闭合，进行自锁，保证主轴电动机 M1 在松开启动按钮后能连续转动；KM1 的另一个常开辅助触点也闭合，进行顺序控制，为旋闭旋钮 SA1 启动冷却电动机 M2 做好准备。按下停止按钮 SB2，接触器 KM1 因线圈断电而释放，它的三个常开主触点断开，主轴电动机 M1 便停止，启动的冷却电动机 M2 也停止或无法启动。热继电器 FR1 的常闭触点串联在控制电路中，当主轴电动机 M1 过载时，FR1 的常闭触点断开，整个控制电路失电，电动机 M1、M2、M3 都停止，实现过载保护。该电路有零压保护功能，在电源断电后，接触器 KM1 释放，当电源电压再次恢复正常时，如不按下启动按钮 SB1，则电动机不会自行启动，以免发生事故。该电路也有欠电压保护，当电源电压太低时，接触器 KM1 因电磁吸力不足而自动释放，电动机 M1 自行停止，以避免欠电压时电动机 M1 因电流过大而烧坏。

（2）冷却泵电动机的控制：当主轴电动机运转时，KM1 的常开辅助触点闭合，这时若需要冷却液，则可旋闭旋钮开关 SA2 使其闭合，则接触器 KM2 线圈得电吸合，主电路上 KM2 的三个常开主触点闭合，冷却泵电动机启动运转，给切削加工提供冷却液。当主轴电动机停车时，接触器 KM1 释放，其常开触点断开，冷却泵电动机 M2 也同时停止。可见，只有当主轴电动机 M1 启动后，冷却泵电动机 M2 才能启动，两者之间存在联锁，为顺序控制。因为热继电器 FR2 的常闭触点串联在控制电路中，当主轴电动机 M2 过载时，FR2 的常闭触点断开，整个控制电路同样失电,电动机 M1、M2、M3 都停止,实现过载保护。接触器 KM2 对冷却泵电动机同样有欠压保护。

（3）快速移动电动机的控制:快速移动是点动控制电路。按下按钮 SB3,接触器 KM3 线圈得电吸合,使主电路中 KM3 的三个常开主触点闭合,快速移动电动机 M3 运转,拖动刀架快速移动。松开按钮,KM3 释放,M3 即停止。快速移动的方向通过装在溜板箱上的十字形手柄扳到所需要的方向来控制。

4）照明电路与电源信号指示电路

照明电路采用 24 V 交流电压。该电压是由 380 V 电压经控制变压器 TC 降压而得,由 FU4 作短路保护。照明电路由旋钮开关 SA2 接照明灯 EL 组成。旋闭旋钮开关 SA2,照明灯 EL 得电为车床设备照明。

信号指示电路采用 6 V 交流电压,该电压是由 380 V 电压经控制变压器 TC 降压而得,由 FU5 作短路保护。指示灯 HL 接在控制变压器 TC 的 6 V 线圈上,闭合隔离开关 QS1,电源上电,指示灯亮,即表示电路已经上电。

▶**任务练习**

1.请独立绘制如图 8-7 所示的 M7130 磨床电气原理图后并进行交流。

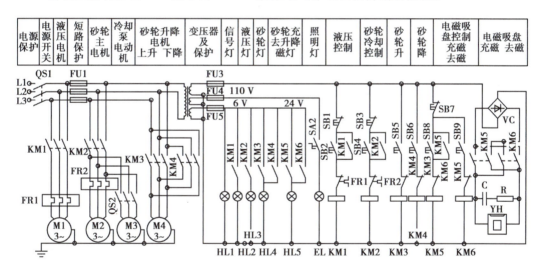

图 8-7　M7130 磨床的电气控制电路

2.请独立识读第 1 题中的 M7130 磨床电气原理图后并与同学进行交流。

▶任务评价

根据任务完成情况,如实填写表8-3。

表8-3　任务过程评价表

序　号	评价要点	配分	得分	总　评
1	绘图工具、资料、知识等准备充分	10		A(80分以上)　☐ B(70~79分)　☐ C(60~69分)　☐ D(59分以下)　☐
2	能正确绘制CA6140普通车床电气原理图	30		
3	能正确、规范地进行文字符号标注	10		
4	能正确识别各图形符号所表示元器件	10		
5	能正确识读CA6140普通车床电气原理图	30		
6	具有团结协作、文明规范的职业习惯	10		

▶任务小结

请小结完成本次任务过程中的优缺点,并提出改进计划,计入表8-4。

表8-4　任务小结表

完成事项	优　点	存在的问题	改进计划
任务实施			
任务练习			
其他			

任务二　绘制并识读机床电气接线图

▶任务描述

本任务继续学习CA6140普通车床电气控制线路接线图,如图8-2和图8-8所示,以进一步熟悉、掌握绘制与识读电路接线图的方法。

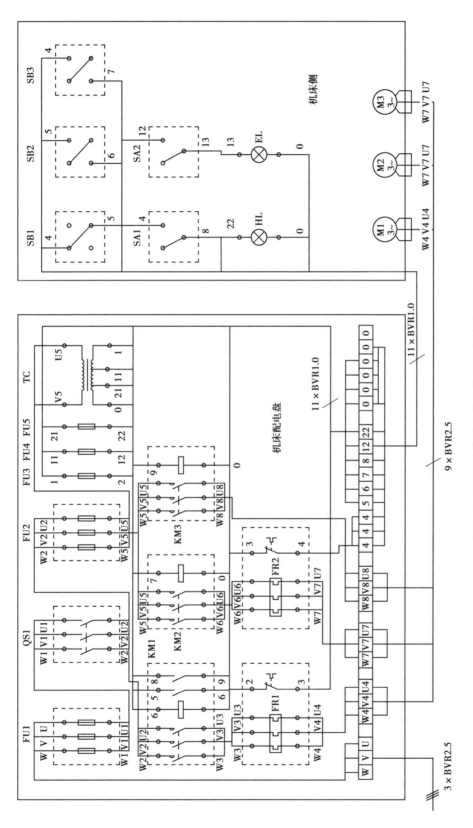

图8-8　CA6140普通车床电气控制线路接线图

▶**任务目标**

1. 能进一步了解电路接线图各电气设备、装置和控制器件的画法。

2. 能进一步理解、掌握电路接线图各电气设备、装置和控制器件位置的安排布局。

3. 能进一步理解并掌握识读电路接线图的方法和步骤。

4. 能快速绘制并识读常见的机床电路接线图,并能根据机床电路接线图进行电路线路连接。

5. 能准确、快速地绘制并识读 CA6140 普通车床电气控制电路接线图,并能根据电路接线图进行 CA6140 普通车床电气控制电路线路连接。

▶**任务准备**

一、工具准备

列出需要的绘图工具、模型或挂图、学习资料等相关准备,小组讨论分工合作,完成表 8-5 的填写。

表 8-5　任务表

准备名称	准备内容	完成情况/负责人
绘图工具		
模型或挂图		
学习资料		
其他		

二、知识准备

1. 电气图连接线的表示方法

电气图中的连接线起着连接各种设备及元器件图形符号的作用,它可以是传输信息流的导线,也可以是表示逻辑流、功能流的图线。电气图中连接线的表示方法具体如下:

1)导线符号

导线的一般符号表示单根导线,如图 8-9(a)所示。当用单线表示导线组时,可在单线上加短斜线,且用短斜线的数量代表导线根数,如图 8-9(b)所示的是 3 根导线的导线组;当导线根数大于等于 4 根时,可采用短斜线加注数字表示,数字表示导线的根数,如图 8-9(c)所示。

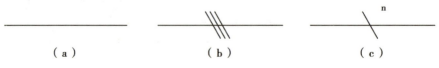

（a）　　　　　　　（b）　　　　　　　（c）

图 8-9　导线符号

2）导线材料、导线截面

在电气图中，导线的材料、导线截面、电压、频率等特征的表示方法是：在横线上面标出电流种类、配电系统、频率和电压等，在横线下面标出电路的导线数乘以每根导线的截面积（mm^2），当导线的截面不同时，可用"+"将其分开，如图8-10(a)所示。

电气图中的导线型号、截面、安装方法等，通常采用短引线加标导线属性和敷设方法的方法，如图8-10(b)所示。该图表示导线的型号为BLV（铝芯塑料绝缘线），其中1根截面积为25 mm^2、3根截面积为16 mm^2；敷设方法为穿入塑料管（VG），塑料管管径为40 mm；WC表示沿地板暗敷。

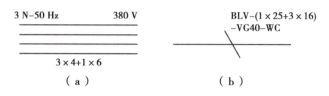

图8-10　导线标注

2.本任务中导线符号、导线材料、导线截面的解释

本任务中导线符号、导线材料、导线截面如图8-11所示。

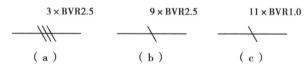

图8-11　本任务中导线符号、导线材料、导线截面的标注

图8.11(a)的解释为：3根导线，导线的型号为BLV（铝芯塑料绝缘线）；截面积为2.5 mm^2的导线组。

图8.11(b)的解释为：9根导线，导线的型号为BLV（铝芯塑料绝缘线）；截面积为2.5 mm^2的导线组。

图8.11(c)的解释为：11根导线，导线的型号为BLV（铝芯塑料绝缘线）；截面积为1.0 mm^2的导线组。

▶**任务实施**

1.绘制CA6140普通车床电气控电路接线图

（1）先画出机床配电盘及各个器件的位置（布局），以及经过处理的内部结构和机床侧各个器件的位置（布局），如图8-12所示。

图8-12左边为CA6140普通车床配电盘及各个器件的位置（布局）和经过处理的内部结构，右边部分为CA6140普通车床侧各个器件的位置（布局）和经过处理的内部结构。

（2）绘制CA6140普通车床主电路接线图，如图8-13所示。

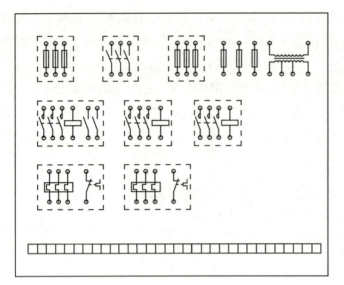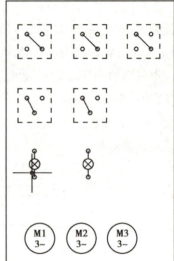

图 8-12　器件的位置(布局)图

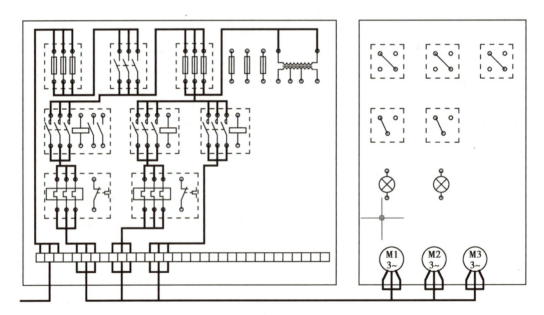

图 8-13　CA6140 普通车床主电路接线图

（3）绘制 CA6140 普通车床控制电路接线图，如图 8-14 所示。

（4）给每个元器件位置处标上文字符号及给接线图的每条连接线标上明确的标号，如图 8-15 所示。

（5）检查、完善，如图 8-16 所示。

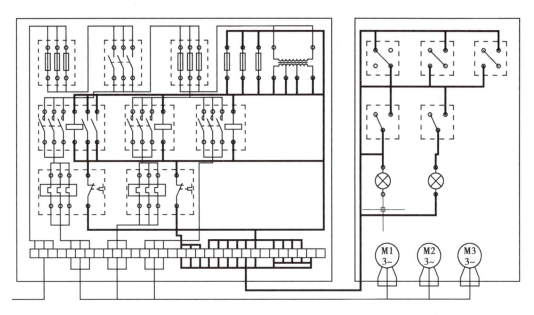

图 8-14　CA6140 普通车床控制电路接线图

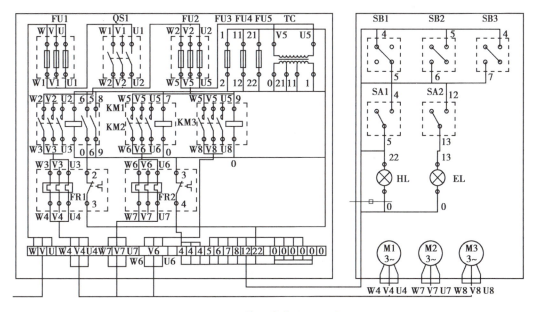

图 8-15　CA6140 普通车床电路接线图的标注

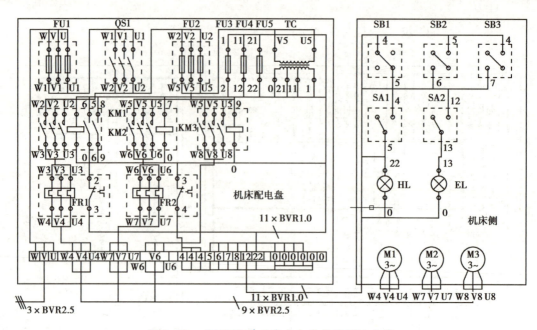

图 8-16   CA6140 普通车床电路接线图的完善

2. CA6140 普通车床控制电路接线图的常见器件图形结构及文字符号(见表 8-6)

表 8-6   CA6140 普通车床控制电路接线图的常见器件图形结构及文字符号

序号	元器件名称	图形结构和文字符号	备注
1	隔离开关	QS	
2	熔断器	FU	三相熔断器 / 二相熔断器 / 一相熔断器
3	交流接触器 1	KM	线圈
			主触点
			辅助触点常开
			辅助触点常闭
4	交流接触器 2	KM	线圈
			主触点
5	热继电器	FR	驱动主触点
			常闭触点

续表

序号	元器件名称	图形结构和文字符号	备注
6	三相交流电动机	M1 3~	
7	停止按钮	SB	接常闭触点
8	启动按钮	SB	接常开触点
9	旋钮	SA	
10	接线端子排	X	
11	指示灯	HL	
12	照明灯	EL	
13	变压器	TC	

3. 识读 CA6140 普通车床控制电路的接线图

1）CA6140 普通车床控制电路的接线图主电路的识读

（1）主轴电动机控制电路主电路接线走向：电源 L1、L2、L3→X 端子排 U、V、W→FU1（三相熔断器）→U1、V1、W1→QS1（隔离开关）→U2、V2、W2→KM1（交流接触器）→U3、V3、W3→FR1（热继电器主触点）→U4、V4、W4→X 端子排 U4、V4、W4→M1（主轴电动机）。

（2）冷却电动机控制电路主电路接线走向：电源 L1、L2、L3→X 端子排 U、V、W→FU1（三相熔断器）→U1、V1、W1→QS1（隔离开关）→U2、V2、W2→FU2（三相熔断器）→U5、V5、W5→KM2（交流接触器）→U6、V6、W6→FR2（热继电器主触点）→U7、V7、W7→X 端子排 U7、V7、W7→M2（冷却电动机）。

（3）刀架快速移动电动机控制电路主电路接线走向：电源 L1、L2、L3→X 端子排 U、V、W→FU1（三相熔断器）→U1、V1、W1→QS1（隔离开关）→U2、V2、W2→FU2（三相熔断器）→U5、V5、W5→KM3（交流接触器）→U8、V8、W8→X 端子排 U8、V8、W8→M3（刀架快速移动电动机）。

2）CA6140普通车床控制电路的接线图控制电路的识读

（1）主轴电动机控制电路的接线图的识读。

CA6140普通车床的主轴电动机控制电路的接线走向：主电路电源中的FU2（三相熔断器）→U5、V5、W5中引出两根线U5、V5→TC（变压器进线）→110V电压"1"号线→FU3（单相熔断器）→"2"号线→FR1（热继电器常闭辅助触点）→"3"号线→FR2（热继电器常闭辅助触点）"4"号线→X端子排"4"（并联三个"4"）→SB1常闭→"5"号线→①SB2常开进；②KM1交流接触器辅助常开触点进-自锁→①SB2常开出；②KM1交流接触器辅助常开触点出-自锁→"6"号线→KM1交流接触器线圈→X端子排"0"→"0"号线→TC变压器低压中性线。

（2）冷却电动机控制电路的接线图的识读

CA6140普通车床的冷却电动机控制电路的接线走向：主电路电源中的FU2（三相熔断器）→U5、V5、W5中引出两根线U5、V5→TC（变压器进线）→110 V电压"1"号线→FU3（单相熔断器）→"2"号线→FR1（热继电器常闭辅助触点）→"3"号线→FR2（热继电器常闭辅助触点）"4"号线→X端子排"4"（并联三个"4"）→旋钮SA1→"8"号线→X端子排"8"→KM1交流接触器辅助常开触点进-顺序控制→"9"号线→KM2交流接触器线圈→X端子排"0"→"0"号线→TC变压器低压中性线。

（3）刀架快速移动电动机控制电路的接线图的识读

CA6140普通车床的刀架快速移动电动机控制电路的接线走向：主电路电源中的FU2（三相熔断器）→U5、V5、W5中引出两根线U5、V5→TC（变压器进线）→110 V电压"1"号线→FU3（单相熔断器）→"2"号线→FR1（热继电器常闭辅助触点）→"3"号线→FR2（热继电器常闭辅助触点）"4"号线→X端子排"4"（并联三个"4"）→SB3常开→"7"号线→KM3交流接触器线圈→X端子排"0"→"0"号线→TC变压器低压中性线。

3）CA6140普通车床控制电路的照明电路的识读

CA6140普通车床控制电路的照明电路的接线走向：主电路电源中的FU2（三相熔断器）→U5、V5、W5中引出两根线U5、V5→TC（变压器进线）→24V电压"11"号线→FU4（单相熔断器）→"12"号线→X端子排"12"→旋钮SA2→"13"号线→照明灯EL→X端子排"0"→"0"号线→TC变压器低压中性线。

4）CA6140普通车床控制电路的电源指示电路的识读

CA6140普通车床控制电路的电源指示电路的接线走向：主电路电源中的FU2（三相熔断器）→U5、V5、W5中引出两根线U5、V5→TC（变压器进线）→6V电压"21"号线→FU5（单相熔断器）→"22"号线→X端子排"22"→电源指示灯HL→X端子排"0"→"0"号线→TC变压器低压中性线。

▶任务练习

1.请绘制并识读下列C620-1小普通车床的电气原理图。

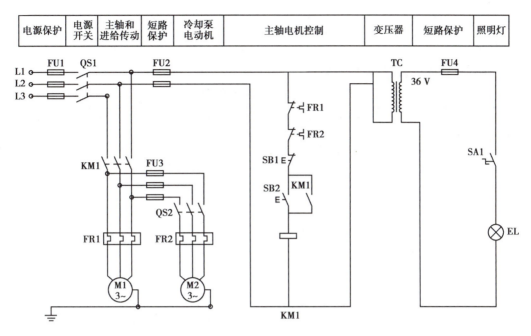

电源保护	电源开关	主轴和进给传动	短路保护	冷却泵电动机	主轴电机控制	变压器	短路保护	照明灯

图 8-17　C620-1 型小车床的电气控制电路

2. 请完成第 1 题电气原理图中线号的标注。

3. 在完成第 1 题电气原理图中线号的标注后,请完成 C620-1 小普通车床接线图的线路连接,并在完成的接线图中准确标出各连接线的线号。

4. 根据第 1 题电气原理图及第 3 题接线图,完成 C620-1 小普通车床的线路安装。

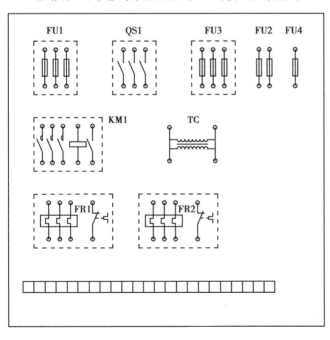

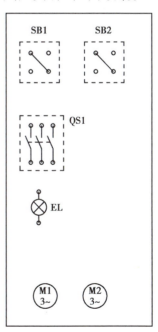

图 8-18

133

▶任务评价

根据任务完成情况,如实填写表8-7。

表8-7　任务过程评价表

序　号	评价要点	配分	得分	总　评
1	绘图工具、资料、知识等准备充分	10		
2	能正确识别各图形符号所表示元器件	10		
3	能正确识读 CA6140 普通车床电气原理图	10		A(80 分以上)　□
4	能正确绘制 CA6140 普通车床电路接线图	20		B(70 ~ 79 分)　□
5	能正确、规范地进行文字符号、线号的标注	20		C(60 ~ 69 分)　□
6	能正确完成 CA6140 普通车床电路接线实践	20		D(59 分以下)　□
7	具有团结协作、文明规范的职业习惯	10		

▶任务小结

请小结完成本次任务过程中的优缺点,并提出改进计划,计入表8-8。

表8-8　任务小结表

完成事项	优　点	存在的问题	改进计划
任务实施			
任务练习			
其他			

参考文献

［1］王幼龙.机械制图［M］.4 版.北京:高等教育出版社,2013.

［2］潘毅.机床电气控制［M］.北京:科学出版社,2015.

［3］赵承获,王玺珍,陶艳.电机与电气控制技术［M］.4 版.北京:高等教育出版社,2018.